CÓMO PREPARAR TU TESIS DOCTORAL EN HEPATOLOGÍA

1ª PARTE

CÓMO PREPARAR TU TESIS DOCTORAL EN HEPATOLOGÍA 1ª PARTE

Fernando Manuel Jiménez Macías

Médico adjunto Aparato Digestivo

Hospital Juan Ramón Jiménez
Universidad de Huelva
(Huelva)

Lulu.com
2014

Título original: Cómo preparar tu tesis doctoral en Hepatología.Parte 1

First Printing: Diciembre 2014

Maquetación e impresión: Facultad de Ciencias de la Educación. Universidad de Huelva

ISBN: 978-1-326-10942-4

Lulu.com

Enlace web:
http://rabida.uhu.es/dspace/bitstream/handle/10272/9946/Analisis_de_las_caracteristicas.pdf;sequence=2

Huelva, Andalucia, España (Spain)

ferjimenez2@gmail.com

Dedicatoria

A todos aquellos que me apoyaron
y me animaron a llegar a ser lo que soy.

A mi mujer, que me dio los dos hijos
tan lindos que tengo
y llenarme de ilusión cada día.

A mis queridos padres, a los que estaré eternamente
agradecido y les debo todo lo que hoy en día soy.

Contenido

Agradecimientos

Muchas gracias a mis directores de tesis Dr. D. Emilio Pujol de la Llave y Dr. D. Carlos Ruíz-Frutos. A mi jefe de unidad, Dr. Manuel Ramos Lora. A mis compañeros y amigos del Laboratorio de Biología Molecular, Luís Galisteo y Fátima Barrero. A la Fundación FABIS y al equipo directive del Hospital Juan Ramón Jiménez de Huelva.

Prefacio

Si tu ilusión es alcanzar a ser doctor en cualquier material científica, especialmente si va a tratar temas relacionados con la medicina, y estás enormemente preocupado por como vas a tener que desarrollar tu futura tesis doctoral, acabas de encontrar una obra que te permitirá aclarar todas tus dudas, te servirá como guión para preparar tu manuscrito y te enriquecerás de que fue mi experiencia en lo que fueron los preparativos de mi tesis doctoral, el material que empleé en su defensa, así como todas las posibles dudas que surgen en un doctorando como es tu caso.

Esa va a ser mi ayuda: podrás ver la estructura a seguir para tu tesis doctoral, las diapositivas que empleé en la defensa de la tesis, los trámites burocráticos que llevan, así como todo lo relacionado con la preparación de una buena tesis doctoral.

Dr. Fernando M. Jiménez Macías

Introducción

Si tu intención es preparar tu tesis doctoral y ya tienes finalizado tu proyecto de investigación, listo para plasmarlo en un borrador primero que incluya tus resultados y conclusiones, sin olvidar la metodología que empleaste, este el manual que tendrás que usar para estar bien asesorado.

Yo me encontraba en tu misma situación, con la ilusión de conseguir ser doctor y al mismo tiempo con la incertidumbre de si conseguiría. Finalmente conseguí mi graduación de doctor y todo lo que es la experiencia que alcancé desde que inicié mi proyecto de investigación hasta que conseguí mi grado de doctor quiero plasmarla aquí para que la conozcas y te sirva de apoyo para el diseño de tu futura tesis doctoral.

Esta obra consta de la parte 1, que incluye lo que fue el inicio de la realización de mi proyecto de investigación, como conseguimos financiación pública, como lo iniciamos, la logística que tuvimos que llevar a cabo para su realización, la ayuda que nos supuso la fundación de investigación que coordinó su diseño. También incluimos en esta primera parte, la primera mitad de la tesis doctoral, centrándonos en como diseñar los primeros apartados de la misma, que es lo que más cuesta, el empezar cualquier manuscrito, centrándonos en la exposición del resumen, introducción, glosario, metodología, etc.

En la parte 2° te mostramos la segunda parte de la tesis doctoral (resultados, conclusiones, anexos, referencias bibliográficas, material empleado para su lectura), seguida de una serie de capítulos en las que te informan sobre recomendaciones y consejos a seguir para desarrollarla.

Espero que esta obra suponga un Segundo director de tesis que te apoyará en caso de dudas y que podrás complementar a las recomendaciones y sugerencias de tu director de tesis.

Dr. Fernando M. Jiménez Macías

Capítulo 1: Preparación de tu proyecto científico

Cuando quieres investigar en cualquier materia científica, en este caso sobre aspectos médicos, como es el area de Hepatología, que fue la rama de mi especialidad que más me interesaba, lo más díficil es encontrar un tema interesante, que tenga lagunas lo suficiente importante y significativa, que te permita generar una hipótesis novedosa y que se suponga vaya a aportar conclusiones que puedan ser de interés para la práctica clínica para la comunidad científica.

Para ello, lo primero que tienes que decidir que laguna científica sobre la que quieres desarrollar la búsqueda científica, usando herramientas útiles como son el Pubmed, bibliotecas virtuales que dispongas o físicas de tu Universidad o centro sanitario, puedes utilizar herramientas científicas como el Up to date, o consultar las revistas científicas relacionadas con tu especialidad, tanto internacionales como nacionales, preferentemente.

Otra opción para buscar el tema es consultar las comunicaciones científicas presentadas en los últimos congresos o reuniones médicas de Hepatología o Aparato Digestivo. También no estaría mal que incluso consultes en google o en la página web del Instituto Karolinska, en el apartado de tesis doctorales presentadas recientemente, que pudieran estar relacionadas con el tema que buscas, ya que es un centro punter en cualquier material médica.

Una vez que has seleccionado el tema que deseas trabajar o investigar, que es lo más importante y lo más díficil como te comentaba anteriormente, lo demás es ya todo más fácil. Debes buscar aspectos que sean novedosos, que te generen un trabajo no demasiado largo (no tengas que dedicar al reclutamiento de pacientes no más de 2 años), que sea multivariante si es posible, pues te permitirá escribir varios manuscritos sobre temas diferentes, que tenga aplicabilidad clínica en un future, y si puede generarse un potencial patente, mejor que mejor, sobre todo si va a tener interés para la industria farmaceútica, ya que si es de su interés, te facilitarán cuando termines el trabajo para que pueda ser traducido por un "medical writer" en inglés científico, apto para comunicaciones internacionales y publicaciones en revistas internacionales, así como facilitarte su diffusion.

En mi caso, mi objetivo fue diseñar una herramienta diagnostica que me permitiera detectar aquellos pacientes que podían curarse sólo con biterapia antiviral, sin necesidad de emplear una triple terapia antiviral, más cara, con más acontecimientos adverso, menor adherencia, por tener que tomar más pastillas. Esta una vez diseñada, se diseño una calculadora Excel que metiendo las variables escogidas, pues te decía qué régimen terapéutico era el más optimo para cada paciente. De esa forma, la terapia antiviral seleccionada sería personalizada y a la carta.

Una vez que ya has establecido cúal es la hipótesis que quieres contrastar y definido el objetivo de tu estudio, haz una buena búsqueda científica en las herramientas científicas que antes te especifiqué, especialmente en Pubmed. Saca todos los pdf de los artículos científicos más relevantes y leelos detenidamente, con objeto de definir qué variables en el apartado de material y métodos de estos artículos vas a seleccionar para tu estudio, y sobre todo para ver qué métodos diagnósticos emplearon para obtenerlas, analízando si es viable poderlas determinar en tu medio, en el laboratorio de tu centro, en el departamento de Anatomía Patológica.

En caso de que alguna te interese y no la tengas disponibles, tendrás que hablar con la gente de laboratorio de tu centro para que te asesoren en este sentido, pues igual, te informan que se puede determinar en otro centro o laboratorio alternativo que ellos conocen. Aunque no se pueda determinar en tu centro, igual tienes que establecer una logística de laboratorio, de cómo realizar las extracciones analíticas en los diferentes tiempos de tu estudio, estableciendo qué variables se van a determinar en cada momento, en qué tipo de bote, y sobre todo donde se conservarían de tu laboratorio, a qué temperatura, establecer como debe ser la logística de envio al laboratorio de referencia al que tengas que enviar las muestras para determinar las variables que se van a determinar en otro cento.

En nuestro caso, hubo una variable que eran las concentraciones plasmáticas de Ribavirina al mes de biterapia. Para ello, tuve que contactar previamente con una farmaceútica del Hospital Carlos III de Madrid, para que me indicara si era posible determinar los niveles plasmáticos de este fármaco, qué metodología emplearía para su determinación, estableciendo como deberíamos conservar nuestras muestras hasta que se las enviaramos, en que bote la conservábamos y como se realizaría el envio de muestras y el envio de los resultados de forma confidencial, siguiendo las directrices según la Ley de Protección de Datos aceptada en tu país.

Tendrás que informar sobre tu proyecto a los departamentos médicos a los que vayas a implicar, para ver si tienen interés en participar. Generalmente, departamentos como Farmacia Hospitalaria, que en mi estudio, se encargó de la aleatorización a doble ciego y el enmascaramiento de una primera dosis de inducción de interferón pegilado alfa-2ª, así como el Departamento de Anatomía Patológica, para el análisis de biopsias hepáticas, y sobre todo, el Departamento de Laboratorio de Biología Molecular, que coordinaría la extracción, conservación y análisis de las variables estudiadas de muestras obtenidas de nuestros pacientes, generalmente van a estar encantados de participar en tu estudio, sobre todo si se los presentas de forma brillante. Una de las cosas que puedes hacer es organizar una serie de sesiones informativas a cada uno de los servicios que vayas implicar para que les informen de los que serán sus competencias en el estudio, y así te harán saber posibles incidencias o dudas que puedan surgir en la logística de tu estudios.

Una vez seleccionadas las variables que vas a determinar en tu estudio, tendrás que ver la viabilidad para determinarlas en tu centro o ver que centros pueden realizártelas, así como su coste. Para ello, deberás llamar por teléfono o contactar por email para comentarte de tu interés, y te digan los kit de laboratorio, para cuantas muestras son, que coste tienen por paciente o muestra.

Este aspecto es muy importante, pues si vas a pedir una fuente de financiación para costear la determinación de todas las variables de tu estudio, tendrás que saber lo que te va a generar, sobre todo para la elaboración de la memoria económica de tu estudio.

En mi estudio yo tenía muchas variables, tales como cortisol, IP-10, creatinina, colesterol, LDL-colesterol, HDL-colesterol, triglicéridos, cargas virales del virus de la hepatitis C, etc. Las que formaban parte de la cartera de servicio de laboratorio, tu propio hospital te puede suministrar los costes. Para variables nuevas, como fue el genotipo de la Interleucina 28b, que no se realizaba en mi centro o la IP-10, finalmente para el estudio, el personal de laboratorio de mi centro, aprendió a determinarla, y solicitaron a la empresa que lo suministraba el presupuesto, para que pudiera determinarse y elaborar la citada memoria económica.

Nosotros solicitamos una beca de financiación pública a la Consejería de Salud de la Junta de Andalucia, que tenía como nº de expediente PI-0200/2008, la cual fue aprobada y publicado en el BOJA que especificamos en la página siguiente, tal como podrás observar.

CONSEJERÍA DE EMPLEO

CORRECCIÓN de errores de la Resolución de 17 de diciembre de 2008, de la Dirección Provincial de Cadiz del Servicio Andaluza de Empleo, por la que se hacen públicas subvenciones concedidas al amparo de la Orden que se cita, que desarrolla y convoca los Programas de Formación Profesional Ocupacional, establecidos en el Decreto 204/1997, de 3 de septiembre.

Advertidos errores en el texto de la Resolución de 17 de diciembre de 2008, de la Dirección Provincial de Cadiz del Servicio Andaluz de Empleo, por la que se hacen públicas Subvenciones concedidas al amparo de la Orden 12 de diciembre de 2000, se realizan las siguientes rectificaciones de los importe concedidos:

Donde dice:

Expediente	Beneficiario	Importe
11/2008/J/011 C1	Asociación para la Gestión de la Integración Social	142.017,75 euros
11/2008/J/198 C1	Ana Ariza Ricardi	164.457,00 euros
11/2008/J/202 C1	Duvaz Sport, S.L.	120.540,00 euros

Debe decir:

Expediente	Beneficiario	Importe
11/2008/J/011 C1	Asociación para la Gestión de la Integración Social	58.011,00 euros
11/2008/J/198 C1	Ana Ariza Ricardi	111.201,00 euros
11/2008/J/202 C1	Duvaz Sport, S.L.	80.360,00 euros

Cadiz, 5 de enero de 2009.

CONSEJERÍA DE SALUD

RESOLUCIÓN de 26 de diciembre de 2008, de la Secretaría General de Calidad y Modernización, mediante la que se hacen públicas las subvenciones concedidas al amparo de la Orden de 19 de julio de 2007, por la que se establecen las bases reguladoras para la concesión de subvenciones para la financiación de la Investigación Biomédica y en Ciencias de la Salud en Andalucía y convoca las correspondientes para el año 2007.

Mediante la Orden de la Consejería de Salud de 19 de julio de 2007 (BOJA núm. 149, de 30 de julio de 2007) se establecen las bases reguladoras para la concesión de subvenciones para la financiación de la Investigación Biomédica y en Ciencias de la Salud en Andalucía y convoca las correspondientes para el año 2007.

En virtud de la Resolución de 7 de abril de 2008, de la Secretaría General de Calidad y Modernización de la Consejería de Salud (BOJA núm. 80, de 22 de abril de 2008), son convocadas las citadas ayudas para la financiación de proyectos de investigación y actividades y estancias formativas de personal investigador en Biomedicina y Ciencias de la Salud en Andalucía.

Vistas las solicitudes presentadas y resuelto el expediente incoado, de conformidad todo ello con la Orden citada y en aplicación de lo dispuesto en la Ley 38/2003, de 17 de noviembre, General de Subvenciones, se hacen públicas las subvenciones que figuran como Anexos I y II a la presente Resolución.

Sevilla, 26 de diciembre de 2008.- El Secretario General de Calidad y Modernización, José Luis Rocha Castilla.

ANEXO I

SUBVENCIONES PARA PROYECTOS DE INVESTIGACIÓN

Entidad beneficiaria: Empresa Pública Hospital Costa del Sol.
Presupuesto de la actividad: 78.685,00 euros.
Incremento del quince por ciento adicional: 11.802,75 euros.
Presupuesto subvencionado: 90.487,75 euros.
Porcentaje de la actividad subvencionada: 100%.
Distribución por anualidades:

Porcentaje primera anualidad: 68,19%. Importe: 61.703,25 euros.
Porcentaje segunda anualidad: 26,58%. Importe: 24.052,25 euros.
Porcentaje tercera anualidad: 5,23%. Importe: 4.732,25 euros.

Número de expediente: PI-0090/2008.
Investigador principal: Natalia Montiel Quezel-Guerraz.
Título del proyecto: Detección de mutaciones genéticas de Mycobacterium Tuberculosis a Isoniacida y Rifanpicina en muestras clínicas de pacientes con sospecha clínica de tuberculosis pulmonar.
Centro de investigación: Empresa Pública Hospital Costa del Sol.
Presupuesto del proyecto: 31.155,00 euros.

Número de expediente: PI-0093/2008.
Investigador principal: Magdalena de Troya Martínez.
Título del proyecto: Adaptación y validación en español del cuestionario -Skin Cancer Index- para el Estudio de la calidad de vida en el enfermo con Cáncer de piel no melanoma cervicofacial.
Centro de investigación: Empresa Pública Hospital Costa del Sol.
Presupuesto del proyecto: 23.130,00 euros.

Número de expediente: PI-0098/2008.
Investigador principal: Julián Olalla Sierra.
Título del proyecto: Evaluación de las Intervenciones Sanitarias y Sociales dirigidas a ancianos dados de alta de los Servicios Hospitalarios con diagnóstico de fractura de cadera o de muñeca tras caída casual.
Centro de investigación: Empresa Pública Hospital Costa del Sol.
Presupuesto del proyecto: 24.400,00 euros.

Entidad beneficiaria: Escuela Andaluza de Salud Pública (EASP).
Presupuesto de la actividad: 128.810,00 euros.
Incremento del quince por ciento adicional: 19.321,50 euros.
Presupuesto subvencionado: 148.131,50 euros.
Porcentaje de la actividad subvencionada: 100%.
Distribución por anualidades:

Porcentaje primera anualidad: 64,63%. Importe: 95.736,35 euros.
Porcentaje segunda anualidad: 24,73%. Importe: 36.633,25 euros.
Porcentaje tercera anualidad: 10,64% Importe: 15.761,90 euros.

Número de expediente: PI-0220/2008.
Investigador principal: Joan Carles March Cerda.
Título del proyecto: Ensayo Clínico Aleatorizado Comparativo de la Prescripción de Diacetilmorfina y Morfinal Ambas por vías oral, en personas dependientes de opioides que no han respondido al tratamiento con metadona.
Centro de investigación: Escuela Andaluza de Salud Pública (EASP).
Presupuesto del proyecto: 50.384,00 euros.

Número de expediente: PI-0221/2008.
Investigador principal: José Francisco García Gutiérrez.
Título del proyecto: Necesidades y Patrones de búsqueda de información en pacientes con Cáncer.
Centro de investigación: Escuela Andaluza de Salud Pública (EASP).
Presupuesto del proyecto: 39.143,00 euros.

Número de expediente: PI-0222/2008.
Investigador principal: José Miguel Morales Asencio.
Título del proyecto: Diseño de un Modelo de Gestión de Casos para Pacientes con Enfermedad Crónica: Insuficiencia Cardiaca y Epoc. Fase I: Modelización e Identificación de Componentes de la Intervención a través de sus Protagonistas: Pacientes y Profesionales. (Estudio Delta-Ice-Pro).
Centro de investigación: Escuela Andaluza de Salud Pública (EASP).
Presupuesto del proyecto: 39.283,00 euros.

Entidad beneficiaria: Empresa Pública de Emergencias Sanitarias (EPES).
Presupuesto de la actividad: 22.746,00 euros.
Incremento del quince por ciento adicional: 3.411,90 euros.
Presupuesto subvencionado: 26.157,90 euros.
Porcentaje de la actividad subvencionada: 100%.
Distribución por anualidades:

Porcentaje primera anualidad: 73,96%. Importe: 19.346,45 euros.
Porcentaje segunda anualidad: 26,04%. Importe: 6.811,45 euros.

Número de expediente: PI-0210/2008.
Investigador principal: Juan Antonio Peculo Carrasco.
Título del proyecto: La Percepción del Ciudadano en la Validación de una Escala de Seguridad del Paciente en Asistencias Extrahospitalarias Urgentes.
Centro de investigación: Emergencias Servicio Provincial 061 (EPES) Cádiz.
Presupuesto del proyecto: 22.746,00 euros.

Entidad beneficiaria: Fundación Andaluza Beturia para la Investigación en Salud (Fundación Fabis).
Presupuesto de la actividad: 92.343,00 euros.
Incremento del quince por ciento adicional: 13.851,45 euros.
Presupuesto subvencionado: 106.194,45 euros.
Porcentaje de la actividad subvencionada: 100%.
Distribución por anualidades:

Porcentaje primera anualidad: 71,77%. Importe: 76.217,40 euros.
Porcentaje segunda anualidad: 9,75%. Importe: 10.351,15 euros.
Porcentaje tercera anualidad: 18,48%. Importe: 19.625,90 euros.

Número de expediente: PI-0198/2008.
Investigador principal: Jaime Gómez-Millán Barrachina.
Título del proyecto: Disminución en la Expresión de Betacatenina tras Radioquimioterapia Preoperatoria en Cáncer de Recto. Implicaciones Pronósticas.
Centro de investigación: Hospital Juan Ramón Jiménez.
Presupuesto del proyecto: 43.800,00 euros.

Número de expediente: PI-0200/2008.
Investigador principal: Fernando Manuel Jiménez Macías.
Título del proyecto: Cinética del Genotipo 1 del Virus de la Hepatitis C durante el Tratamiento Antiviral. Diseño de un Modelo Predictivo de Respuesta Virológica, Empleando una dosis de Inducción de Iterferón Pegilado, el Grado de Resistencia Insulínica y las Concentraciones Plasmáticas de Ribavirina y Proteína Ip-10.
Centro de investigación: Hospital Juan Ramón Jiménez.
Presupuesto del proyecto: 37.643,00 euros.

Número de expediente: PI-0204/2008.
Investigador principal: Esperanza Begoña García Navarro.
Título del proyecto: La Última Parte de la Vida. Percepción de los Protagonistas.
Centro de investigación: Hospital Juan Ramón Jiménez.
Presupuesto del proyecto: 10.900,00 euros.

Entidad beneficiaria: Fundación para la Investigación Biomédica de Córdoba (Fundación Fibico).
Presupuesto de la actividad: 584.955,00 euros.
Incremento del quince por ciento adicional: 87.743,25 euros.
Presupuesto subvencionado: 672.698,25 euros.
Porcentaje de la actividad subvencionada: 100%.
Distribución por anualidades:

Porcentaje primera anualidad: 58,83%. Importe: 395.724,20 euros.
Porcentaje segunda anualidad: 22,32%. Importe: 150.169,30 euros.
Porcentaje tercera anualidad: 18,85% Importe: 126.804,75 euros.

Número de expediente: PI-0100/2008.
Investigador principal: Luis Ángel Pérula de Torres.
Título del proyecto: Eficacia de una Intervención Multifactorial Basada en la Entrevista Motivacional para reducir el Riesgo Cardiovascular en Población Atendida en Consultas de Atención Primaria (Estudio Rcv-Ap).
Centro de investigación: Distrito de Atención Primaria Córdoba.
Presupuesto del proyecto: 41.250,00 euros.

Número de expediente: PI-0101/2008.
Investigador principal: Jesús González Lama.
Título del proyecto: Eficacia de una Intervención Domiciliaria para Reducir Errores de Medicación y el Incumplimiento Terapéutico en Pacientes Polimedicados Mayores de 65 Años.
Centro de investigación: Distrito de Atención Primaria Córdoba Sur.
Presupuesto del proyecto: 4.850,00 euros.

Número de expediente: PI-0103/2008.
Investigador principal: Roger Ruiz Moral.
Título del proyecto: Percepción del Paciente de la Calidad en la Atención Recibida Cuando Acude a los Centros de Salud: Un Estudio de Comparación de Métodos para su Valoración.
Centro de investigación: Distrito de Atención Primaria Córdoba.
Presupuesto del proyecto: 37.010,00 euros.

Número de expediente: PI-0109/2008.
Investigador principal: M.ª Aurora Rodríguez Borrego.
Título del proyecto: Violencia de Género en la Mujer Enfermera.
Centro de investigación: Hospital Reina Sofía.
Presupuesto del proyecto: 23.375,00 euros.

Número de expediente: PI-0118/2008.
Investigador principal: Francisco José Fuentes Jiménez.
Título del proyecto: Efectos a largo Plazo, de dos Dietas Mediterráneas Hipocalóricas con Diferente Aporte Proteico y su Combinación con un Programa Estructurado de Ejercicio Físico, sobre los Factores de Riesgo en Pacientes con Síndrome Metabólico.
Centro de investigación: Hospital Reina Sofía.
Presupuesto del proyecto: 46.500,00 euros.

Número de expediente: PI-0121/2008.
Investigador principal: Manuel Casal Román.
Título del proyecto: Investigación de la Epidemiología Molecular de la Tuberculosis Resistente en Andalucía.
Centro de investigación: Hospital Reina Sofía.
Presupuesto del proyecto: 55.300,00 euros.

Número de expediente: PI-0124/2008.
Investigador principal: Antonio Rivero Román.
Título del proyecto: Fibrosis Hepática de Origen Incierto en Los Pacientes Infectados Por el VIH: Prevalencia y Factores Asociados.
Centro de investigación: Hospital Reina Sofía.
Presupuesto del proyecto: 36.000,00 euros.

Número de expediente: PI-0127/2008.
Investigador principal: Mariano Rodríguez Portillo.
Título del proyecto: Estudios In Vivo e In Vitro acerca de la Plasticidad de Células Madre Adultas en Relación con el Daño Inducido en la Calcificación Vascular.

Pero para que tengas el éxito de poder contar con una financiación públlica, es fundamental que elabores una buena memoria o proyecto científico-económico. Te expongo a continuación cual fue el modelo que nosotros empleamos para que nos la aceptara la Consejería.

MEMORIA CIENTÍFICO-TÉCNICA Y ECONÓMICA

JUNTA DE ANDALUCIA CONSEJERÍA DE SALUD

MEMORIA

SUBVENCIONES PARA LA FINANCIACION DE LA INVESTIGACIÓN BIOMÉDICA Y EN CIENCIAS DE LA SALUD EN ANDALUCÍA

PROYECTOS DE INVESTIGACIÓN
Orden de 19 de Julio de 2007 (BOJA nº149 de fecha30 de Julio de 2.007)

MEMORIA CIENTÍFICO-TÉCNICA Y ECONÓMICA

INVESTIGADOR PRINCIPAL	
APELLIDOS	NOMBRE
JIMÉNEZ MACÍAS	FERNANDO MANUEL

TÍTULO DEL PROYECTO

CINÉTICA DEL GENOTIPO 1 DEL VIRUS DE LA HEPATITIS C DURANTE EL TRATAMIENTO ANTIVIRAL. DISEÑO DE UN MODELO PREDICTIVO DE RESPUESTA VIROLÓGICA, EMPLEANDO UNA DOSIS DE INDUCCIÓN DE INTERFERÓN PEGILADO; EL GRADO DE RESISTENCIA INSULÍNICA Y LAS CONCENTRACIONES PLASMÁTICAS DE RIBAVIRINA Y PROTEINA IP-10.

PALABRAS CLAVE

VIRUS HEPATITIS C; RESISTENCIA INSULÍNICA; RIBAVIRINA; INTERFERÓN PEGILADO; RESPUESTA VIROLÓGICA; PROTEINA IP-10.

RESUMEN

(Máximo 250 palabras)

INTRODUCCIÓN: La hepatitis crónica por el virus C genotipo 1 (HCC-G1) es un problema socio-sanitario de 1º nivel, ya que constituye el tipo de HCC más frecuente y la que peor responde al tratamiento antiviral (respuesta virológica sostenida RVS < 55 %), que dado su enorme coste, lleva a un importante consumo de los recursos económicos en SSPA: tratar a 100 pacientes con HCC-G1 supone aproximadamente 3.260.000 $.

OBJETIVO: Diseñar un potente modelo predictivo de RVS en pacientes HCC-G1, que sea capaz de predecir de forma muy precoz (en las primeras semanas de tratamiento) qué grupos de pacientes van a responder y cuáles no, basándonos en el empleo de una dosis alta de inducción con interferón pegilado (IFNpeg), el grado de resistencia insulínica y las concentraciones plasmáticas de ribavirina y proteína IP-10.

DISEÑO: Estudio analítico experimental prospectivo (n=100 pacientes), que serán aleatorizados en 2 grupos (G1: dosis inicial de IFNpeg de 300 microgr) y (G2: dosis inicial de IFNpeg estandar: 180 microgr) + Ribavirina 1000-1200 mg/día según peso) seguida del tratamiento estandar. Se determinará la carga viral (CV) basalmente, el día 1(D1), semanas 1(W1),4(W4), W12,W24,W48 y W72. Dependiendo de si se produce un descenso significativo de CV respecto la basal (> 1.5 log) en los periodos D1y/o W1, junto con la determinación de las concentraciones plasmáticas de ribavirina, IP-10 y resistencia insulínica, pretendemos elaborar un modelo predictivo de RVS muy potente basado en unos valores predictivos elevados, que nos permitirían clasificar los pacientes según sus posibilidades de respuesta.

MEMORIA CIENTÍFICO-TÉCNICA Y ECONÓMI

JUNTA DE ANDALUCIA CONSEJERÍA DE SALUD

1. ASPECTOS CIENTÍFICOS DEL PROYECTO

1.1	LÍNEA PRIORITARIA DE LA CONVOCATORIA EN LA QUE SE ENGLOBA EL PROYECTO

Línea diagnóstica o terapéutica (Genética y Nanomedicina)

Enfermedades principales (Oncología, Diabetes, Enfermedades neurodegenerativas, Enfermedades cardiovasculares, Enfermedades raras, Salud Mental y Obesidad)

Otras áreas (Enfermedades infecciosas, Atención a la accidentalidad, Estudios sobre necesidades de salud y de servicios, Nutrición y salud y Seguridad alimentaria, Entorno y Salud, Investigación sobre género y salud y sobre la distribución desigual de la salud en distintos grupos poblacionales, Enfermedades asociadas al consumo de drogas, tabaco y alcohol)

OTRAS ÁREAS (ENFERMEDADES INFECCIOSAS)

	ANTECEDENTES Y ESTADO ACTUAL DEL TEMA DE ESTUDIO

Se valorará el conocimiento que se tiene en cuanto a los antecedentes y estado actual del tema, así como la pertinencia de la investigación. (Máximo 3 páginas)

El número de casos de hepatitis crónica por el virus C (VHC) diagnosticados en España actualmente parece encontrarse en torno a los 12000 personas, de los cuales presentan indicación de tratamiento aproximadamente el 50% de ellos. Actualmente, la influencia de la inmigración en la prevalencia de la HCC en España está incrementándose, y sobre todo, en provincias como Huelva, donde es potencialmente alta, debido a la llegada de colectivos de inmigrantes subsaharianos y norteafricanos, está produciendo cambios epidemiológicos que convendría poner de manifiesto con estudios en estas regiones por sus posibles consecuencias socio-sanitarias y económicas a largo plazo, que podrían ser impredecibles y actualmente desconocidas.

En una consulta de hepatología, el tipo de HCC más frecuentemente encontrado es el genotipo 1 (HCC-G1), que es el más difícil de curar, presentando las tasas de respuesta virológica sostenida más bajas (RVS < 55 %) de todos los pacientes que podemos tratar, a diferencia de los genotipos 2 y 3, que pueden presentar una RVS en torno a un 80%. Además, la duración del tratamiento debe ser mayor que para otros genotipos (48 semanas) y el consumo de los recursos sanitarios es mucho más importante que el que realizamos para los genotipos más fáciles de curar. Partiendo de que el coste medio del tratamiento antiviral durante 48 semanas de los pacientes con HCC-G1 es de aproximadamente 32.616 $, contabilizando todos los costes directos e indirectos derivados de pruebas para su seguimiento y el tratamiento, tratar a 100 pacientes con HCC-G1 supondría actualmente para el Sistema Sanitario Público Andaluz en torno a 3.261.600 $. De ahí la importancia de elaborar un modelo predictivo basado en unos valores predictivos elevados, no solamente negativos, como el que actualmente disponemos, sino también con un alto valor predictivo positivo. Esto se debe a que hoy en día las únicas decisiones que podemos tomar con un carácter predictivo son la de suspender el tratamiento antiviral en base a fenómenos basados exclusivamente en cinética viral y en fases del tratamiento tardías (cuando el paciente lleva al menos 3 meses), consumiendo recursos económicos y padeciendo acontecimientos adversos que con un buen modelo predictivo podríamos ahorrar y evitar en nuestros pacientes. Se basa exclusivamente en respuestas virológicas basadas exclusivamente en las ausencias de dos fenómenos cinéticos virales: 1) reducción de la carga viral de al menos 2 log respecto al nivel basal en la semana 12 (3 meses de tratamiento), indicando que el paciente ha alcanzado la respuesta virológica precoz (RVP) y 2) la ausencia de negativización de la carga viral (CV) en la semana 24 (6 meses de tratamiento) en los pacientes que hubiesen alcanzado la RVP. En ambos casos, está aceptado que el clínico suspenda el tratamiento si se dan cualquiera de estos dos fenómenos, al basarse en el hecho de que si éstos fenómenos tienen lugar, las posibilidades de no curarse estos pacientes son muy elevadas (al menos 95 %). Son decisiones basadas en el alto poder predictivo negativo para alcanzar la RVS que tienen estos fenómenos.

Pero esta línea de actuación debería ser mejorable desde el punto de vista predictivo. No sólo centrarse en aspectos con alto valor predicativo negativo, así como el hecho de que la toma de decisiones tengan lugar necesariamente a partir de la semana 12. Sabemos que ya algunos investigadores están centrando sus estudios en la llamada respuesta virológica rápida (RVR), que se alcanza a las 4 semanas de tratamiento cuando los pacientes consiguen en este periodo reducir la carga viral respecto a la basal al menos 2 log o incluso negativizarla. Ya incluso, algunos autores plantean la posibilidad de tratar a pacientes con HCC con genotipos 2 y 3 que alcancen la RVR durante sólo

JUNTA DE ANDALUCIA   CONSEJERÍA DE SALUD

Existen varias publicaciones recientes que ponen de manifiesto que los pacientes con HCC que alcanzan la RVS presentan mayores concentraciones plasmáticas de ribavirina que aquellos no respondedores. No podemos desestimar este valor, ya que indirectamente quedó reflejado este hecho en distintos estudios en los que se estableció que ajustar la dosis de ribavirina de los pacientes a su peso, permitía mejorar las tasas de RVS, así como otros han puesto de manifiesto la importancia de que se alcanzaran unos porcentajes de administración de ribavirina superior al 80%, ya que de lo contrario, la RVS se resentiría.

Además, hay un aspecto que sería muy importante valorar en un estudio prospectivo con un tamaño muestral como es éste, que es determinar el pH urinario de los pacientes con HCC-G1 a lo largo del tratamiento. Se ha observado en el estudio de Anan et al, que la orina conforme transcurre el tratamiento se va alcalinizando progresivamente, en especial en los primeros 3 meses. De hecho, puso de manifiesto que el valor del pH urinario se relacionaba inversamente con las concentraciones plasmáticas de ribavirina, de tal manera que cuanto más alcalina fuera la orina de los pacientes tratados se evidenciaba menor concentración plasmática de ribavirina, algo que podría tener repercusión en las tasa de RVS, y que no se ha puesto en evidencia en ningún estudio. De esta manera, no sólo sería importante el establecer una dosis de ribavirina oral a nuestros pacientes en función de su peso, sino también el valorar como evoluciona el pH urinario conforme se administra el tratamiento.

Y si esta variable es importante para unos buenos resultados terapéuticos, no menos importante son los hallazgos encontrados, tal como se evidencia en la publicación de Gastroenterology del 2008 de un grupo de investigadores andaluces Romero-Gómez et al, la importancia que tiene en los pacientes con HCC-G1 la resistencia insulínica, expresada en forma de HOMA, en las probabilidades que tienen los pacientes de alcanzar la RVS. En este estudio se evidencia claramente la importancia que tiene el hecho de determinar el HOMA en estos pacientes, de forma que la RVS iba reduciendo sus tasas conforme este valor fuera aumentando. Así se establecieron 3 grupos de pacientes en función de esta variable: si el HOMA <2 la tasa de RVS era de un 60,5 %, mientras que si este se encontraba comprendido entre 2 y 4, bajaba la probabilidad de respuesta favorable al tratamiento a un 40 %, siendo más baja aún si el HOMA era >4 (RVS 20%). Además, en los respondedores, a diferencia de los no respondedores el descenso del HOMA se mantuvo, mientras que en los no respondedores volvió prácticamente a sus niveles iniciales. Ya con esta variable y la anterior (las concentraciones plasmáticas de ribavirina) si diseñáramos un modelo predictivo con la participación de ambas, algo que hasta la fecha no se ha realizado, garantizamos un mayor poder predictivo que el planteamiento actualmente aceptado.

Por otra parte, hay que destacar la presencia de una variable que se ha asociado a la RVS y que podría ser interesante incluir también en un modelo predictivo de respuesta. Nos referimos a la proteína IP-10, cuyos niveles se han relacionado con los efectos que ejerce el VHC en los hepatocitos y en algunas células como linfocitos y células estrelladas. Se ha encontrado que los pacientes respondedores presentan unas concentraciones más bajas que las de los pacientes no respondedores genotipo 1. Se trata de una determinación fácil de realizar que no forma parte de la práctica clínica y cuya importancia también en la elaboración de modelos predictivos no debe ser nada despreciable, ya que su determinación se basa simplemente en una técnica de ELISA. Así de momento, con estas 4 variables (IP-10, concentraciones plasmáticas de ribavirina, evolución del pH urinario con el tratamiento y el HOMA para calcular el grado de resistencia insulínica de los pacientes) podríamos elaborar un modelo predictivo. En este se reflejan variables claramente relacionadas con la RVS: la proteína IP-10 podrá reflejar en el modelo predictivo el efecto indirecto que ejerce el VHC en la acción antiviral del interferón, valoramos los niveles que alcanza el fármaco oral en la sangre (la Ribavirina), también incluimos en nuestro modelo predictivo una variable tan elemental y barata en las determinaciones de los pacientes (pH urinario) y el último aspecto que tocaríamos, es la mayor o menor sensibilidad a los efectos antivirales que causa el interferón en el hepatocito, como consecuencia de la alteración de los sustratos de la cinasa del receptor de insulina y la alteración de la actividad de la inositol trifosfato cinasa (PIK3), que secundariamente afecta la vía de señalización intrahepatocitaria del interferón (JAK-STAT), dando lo que llamamos una resistencia insulínica, en cuya patogenia se sabe que se encuentran implicadas moléculas como SOCS-3, TNF alfa, USP-18.

Pero si estas variables son importantes y jamás se han conjuntado para elaborar un modelo predictivo de respuesta en la bibliografía publicada, no menos importante constituye la cinética viral del VHC, que en los últimos años ha evolucionado muchísimo, poniéndose de manifiesto los cambios cinéticos que tienen lugar en las primeras semanas, incluso horas del tratamiento con PegIFN + Ribavirina. Se ha observado que cuando se inicia el tratamiento combinado con estos dos fármacos, tiene lugar una primera fase de caída de la carga viral más pronunciada que la que vendrá después y que corresponde a la eliminación muy rápida de los viriones que se encuentra en suero, fenómeno que el VHC no puede compensar con la producción de nuevos viriones hepatocitarios vertidos al torrente sanguíneo. Como consecuencia puede producirse una bajada de carga viral en las primeras horas de tratamiento significativa, caracterizada por una pendiente de caída que va a depender de muchos factores o variables en las que podrían estar implicadas posiblemente las variables anteriormente reseñadas y que dependiendo de su inclinación mayor o menor tendrá unas consecuencias mejores o peores para que se produzca la RVS. A esta primera fase que tiene lugar en las primeras 72 horas se sigue de otra fase que si bien puede tener un efecto rebote en los pacientes respondedores presenta una pendiente que suele tener menos inclinación que la hallada en la primera fase, mientras que en los no respondedores esta cinética viral no se manifiesta de esta manera, produciéndose una caída nula o muy escasa de la carga viral. Destacamos un trabajo de Buti et al, publicado en el año 2000 en Hepatology, en el cual se puso de manifiesto que una dosis de inducción inicial con interferón pegilado alfa-2b a dosis alta de 3,0 microgramos/kg subcutáneos producía una caída-dosis dependiente de la CV muy marcada en las primeras 48 horas de su administración.

MEMORIA CIENTÍFICO-TÉCNICA Y ECONÓMICA

JUNTA DE ANDALUCIA CONSEJERÍA DE SALUD

Dado este hecho cinético, podríamos considerar que el empleo de una primera dosis alta de interferón pegilado al inicio del tratamiento podría ser un factor esencial en discriminar de forma muy precoz como evolucionará la cinética viral en esos primeros momentos del tratamiento, y lo que es mejor, quizás podría predecir el comportamiento posterior de la RVS. lo que nos podría condicionar la actitud terapéutica, además de ayudarnos a clasificar a los pacientes con HCC-G1, en función de su comportamiento tras administrar esta dosis de inducción. Así tendríamos un dato más, pero más precoz para establecer las posibilidades futuras de buena respuesta de estos pacientes, no quedando la decisión condicionada como ocurre hoy en día exclusivamente en si los pacientes presentan o no una respuesta virológica precoz a las 12 semanas o rápida a las 4 semanas. De esta manera, podríamos analizar si este grupo de pacientes que sean capaces de alcanzar una respuesta virológica muy rápida en estas primeras 24-48 horas con una dosis mayor de la habitualmente empleada se asocian a una mayor tasa de RVS.

La respuesta de la carga viral al interferón pegilado a dosis convencionales, al ser dosis-dependiente probablemente sea menos intensa que la que hallamos en los pacientes respondedores, de ahí la importancia que tendría un estudio en el que se comparara la capacidad predictiva de la RVS empleando el descenso de la carga viral respecto a la basal en estas primeras horas de tratamiento en los pacientes que haya sido tratados con una dosis de inducción doble de interferón pegilado con aquellos que hayan recibido la dosis estandar y establecer qué momento es el mejor para cada dosis para predecir la RVS, si las primeras 48 horas como parece ser en el grupo que se trata con dosis altas de inducción o si por el contrario es mejor la 1ª semana de tratamiento, antes de que se ponga la 2ª dosis el paciente.

En cuanto a la evolución histórica del tratamiento antiviral diremos que El primer fármaco que demostró su efecto antiviral fue el interferón (IFN), administrado subcutáneamente. Destaca el metaanalisis dirigido por Poynard y publicado en 1996, obteniendose una tasa global de respuesta virológica sostenida (RVS) del 17 % [18]. Esto indicaba que en aquella época el 85 % de los pacientes tratados con IFN estándar en monoterapia eran no respondedores o recidivantes al IFN. Después de una única dosis de IFN convencional de forma subcutánea (s.c.), la concentración máxima se obtiene a los 6-8 horas, pudiéndose determinar niveles de IFN en suero durante 20-24 horas.

Posteriormente en 1998, con la asociación de IFN + Ribavirina durante 12 meses, la tasa de RVS subía a un 42 %. La evidencia de estos resultados se pusieron de manifiesto en dos ensayos clínicos multicéntricos, uno con sede en los Estados Unidos [19] y otro en Europa [20]. En el ensayo estadounidense, encabezado por McHutchison, se incluyeron 912 pacientes, que se aleatorizaron para recibir IFN-alfa-2b (3 MU 3 veces en semana) + Ribavirina (1000-12000 mg/día) o placebo durante 24 o 48 semanas. Las tasas de RVS y mejoría histológica fueron mejores con la terapia combinada que con el IFN en monoterapia. Por otro lado, en el estudio europeo, dirigido por Poynard, se obtienen unos resultados similares a los hallados en el estudio americano. En ambos, se destaca la importancia de la terapia a largo plazo (48 semanas) para el genotipo 1. La duración del tratamiento para los genotipos no-1 (por ejemplo, para los genotipos 2 y 3) y genotipo 1 con baja carga viral basal (< 1,2 * 10^6 UI/ml) era de 24 semanas, mientras que la duración, para los genotipos 1 con elevada carga viral basal, sería de 48 semanas[21,22]. La ribavirina en dosis única o en doble dosis al día (600 mg.) alcanza la concentración sérica máxima después de 1.7 y 3 horas, respectivamente. Las concentraciones séricas estables de Ribavirina se alcanzan aproximadamente al mes de iniciar la administración oral. La ribavirina parece tener nulo o escaso efecto en la fase inicial de caída del RNA-VHC, pero reduce considerablemente el riesgo de recaída una vez finalizado el tratamiento [23,24].

En el año 2001 comienzan los primeros resultados con la que es la molécula de interferon actualmente empleada en los tratamientos actualmente aceptados. Nos referimos al interferón pegilado (PegIFN), que a diferencia del IFN convencional se administra subcutáneamente 1 vez por semana. Éste se obtiene como resultado de la unión del IFN a una molécula de polietilenglicol, que ha permitido reducir su aclaramiento renal, consiguiendo así la prolongación de su vida media en suero. Actualmente disponemos de 2 tipos de PegIFN: Peginterferon alfa -2b de 12 kd (Peg-Intron, Schering-Plough Corporation, Kenilworth, NJ),y el Peginterferón alfa-2a de 40 kd (Pegasys, Hoffmann-La Roche, Nutley, NJ). Las concentraciones séricas máximas del interferón pegilado se alcanzan después de las 72-96 horas para Pegasys y 15-44 horas para Pegintron [25].

Entre los estudios realizados con el tratamiento antiviral actualmente aceptado, destacamos el realizado por Hadziyannis, en el que se incluyeron 1311 pacientes, los cuales fueron aleatorizados en 4 grupos según duración del tratamiento (24 o 48 semanas) y la dosis de ribavirina según el peso de los pacientes (800-1200 mg/día). Las mejores tasas de RVS en pacientes con genotipo 1 se obtuvieron con la pauta terapéutica de mayor duración (48 semanas) y la Ribavirina a dosis plenas (1000-1200 mg/día, según peso del paciente), con la que se obtuvieron una RVS del 52 %. Mientras que cuando la carga viral basal era > 2 * 10^6 UI/ml, la tasa de RVS fue del 47 %; cuando era menor o igual a 2 * 10^6, ésta se incrementaba al 65 % [22]. Similares resultados se obtuvieron con los pacientes con genotipo 4. Sin embargo, los resultados con los genotipos 2 y 3 han sido todavía mejores con tasas de RVS comprendida entre 75-80 %. La reducción de la dosis de IFN pegilado y/o Ribavirina se reducía por debajo del 80 % del total o el tiempo de tratamiento se reducía a un 80 %, la RVS disminuía significativamente.

MEMORIA CIENTÍFICO-TÉCNICA Y ECONÓMICA

JUNTA DE ANDALUCIA CONSEJERÍA DE SALUD

1.3 BIBLIOGRAFÍA COMENTADA, ACTUALIZADA Y PERTINENTE AL TEMA PROPUESTO

Se valorará si los comentarios y/o críticas a la bibliografía están bien argumentados, si la bibliografía es pertinente al tema propuesto y si está actualizada.
(Máximo 1 página)

1. Ferenci P, Fried MW, Shiffman ML, Smith CI, et al. Predicting sustained virological responses in chronic hepatitis C patients treated with peginterferon alfa-2a (40 KD)/ ribavirina. Journal of Hepatology 2005; 43: 425-433.

Es un estudio precioso que pone de manifiesto la cinética viral durante el tratamiento con interferón pegilado y ribavirina, estableciendo distintos grupos de pacientes en función de la respuesta cinética viral. De esta manera observamos un primer grupo de pacientes que se produce un descenso muy rapido de la carga viral y que van a alcanzar la RVS en la mayoría de los casos (entre 70-90 % casos) si la carga viral es negativa en la semana 4 o si tras sufrir un descenso importante en la primera semana es capaz de alcanzar en la semana 12 la RVP. Sin embargo, hay otro grupo de pacientes no respondedores sin modificación de carga viral. Y otro grupo que sin haber sufrido una caída importante en la primera semana, posteriormente es capaz de alcanzar la RVP. Y finalmente hay dos grupos de pacientes que sin haber alcanzado la RVR, finalmente si alcanzan la RVP. Este es un grupo que tiene porcentajes mas bajos de respuesta. Este autor yo lo considero padre de la cinética viral.

2. Romero-Gómez M, Viloria MM, Andrade RJ, Salmerón J, Diago M, et al. Insulin resistance impairs sustained response rate to Peginterferon plus ribavirin in chronic hepatitis C patients. Gastroenterology 2005; 128: 636-641.

Este estudio puede marcar un antes y un después en el desarrollo de nuevos modelos predictivos como el que intentamos elaborar con este estudio, al poner de manifiesto que la resistencia insulínica, expresada por le HOMA es una variable independiente muy importante en la predicción de la RVS en pacientes con HCC-G1.

3. Arase Y, Ikeda K, Tsubota A, et al. Significance of serum ribavirina concentration in combination therapy of interferon and ribavirina for chronic hepatitis C. Intervirology 2005; 48: 138-144.

Un trabajo de investigación muy interesante que pone de manifiesto la enorme importancia que hasta la fecha no se le ha dado a determinar las concentraciones plasmáticas de ribavirina en suero de los pacientes con HCC-G1, que son más difíciles de curar. Además, este autor pone de manifiesto un aspecto que probablemente no es conocido por muchos hepatólogos y es la relación que existe entre el pH urinario de los pacientes tratados con las concentraciones de ribavirina, y su posible efecto indirecto sobre la RVS. Pone de manifiesto la necesidad de realizar estudios con acidificadores de la orina para valorar si podemos alcanzar mayores tasas de RVS, siempre que nos movamos en un rango de concentraciones séricas de ribavirina entre 3 y 3,5 ng/ml, ya que valores superiores a 3,5 se asocian claramente a un aumento de la anemia hemolítica que se asocia a la ribavirina.

4. Maynard MCG, Pradat P, Bailly F, et al. Relevance of ribavirina plasma concentrations for the prediction of treatment response. 40th Annual Meeting of the European Association for the Study of the Liver; Paris, France; 2005.

Este es uno de los autores que ponen de manifiesto en los últimos años de la importancia de determinar las concentraciones de ribavirina en sangre como monitorización del tratamiento de los pacientes con HCC-G1.

5. Diago M, Castellano G, García-Samaniego J, Pérez C, Fernández I, Romero M, et al. Association of pretreatment serum interferon inducible protein 10 levels with sustained virological response to peginterferon plus ribavirin therapy in genotype 1 infected patients with chronic hepatitis C. Gut 2006; 55: 374-379.

Es el estudio con la proteína IP-10 más interesante que leí, y que pone de manifiesto los efectos que ejerce el VHC en el hepatocito, de tal manera que se evidencia de forma estadísticamente significativa la presencia de unas concentraciones mayores de esta proteína en pacientes que no van a responder. De tal manera, que determinarla me pareció de vital importancia para incluirla en el modelo predicativo que deseo elaborar, ya que su aplicación a la práctica clínica no tendría mucha complicación al tratarse de una ELISA.

6. Morello J, Rodríguez-Novoa S, Rendón Cantillano AL, et al. Measurement of ribavirin plasma concentrations by high-performance liquid chromatography using a novel solid-phase extraction method in patients treated for chronic hepatitis C. Ther Drug Monit 2007; 29: 802-806.

Este artículo me fue de gran ayuda para la elaboración de este proyecto de investigación al contar con un equipo de investigadores que nos permiten la determinación de las concentraciones plasmáticas de ribavirina de forma muy sencilla y mediante el empleo de la cromatografía líquida de alta frecuencia, que emplea un sistema validado por la EMEA para el análisis de este fármaco en sangre.

7. Buti M, Sánchez-Avila F, Lurie Y, et al. Viral kinetics in genotype 1 chronic hepatitis C patients during therapy with 2 different doses of peginterferon alfa-2b plus ribavirina. Hepatology 2002; 35:930-936.

Este artículo pone de manifiesto que el empleo de una dosis alta de inducción al inicio del tratamiento con interferón pegilado +ribavirina presentan una seguridad y tolerabilidad similar a la dosis que habitualmente empleamos. Nos pone al día en aspectos de cinética viral tras administrar la medicación en los primeros días de tratamiento.

MEMORIA CIENTÍFICO-TÉCNICA Y ECONÓMICA

JUNTA DE ANDALUCIA   CONSEJERÍA DE SALUD

1.4 HIPÓTESIS

Se valorará si responde en términos claros y precisos al problema planteado. (Máximo 50 palabras)

Establecer si la presencia de una caída de > 1,5 log de la carga viral a las 24-48 horas tras una dosis de inducción de PegIFN, permite elaborar un potente modelo predictivo de RVS, basado en las concentraciones plasmáticas de ribavirina e IP-10 y la resistencia insulínica.

1.5 OBJETIVOS

Se valorará si son claros, concisos y factibles y si son relevantes desde el punto de vista científico y/o sociosanitario. (Máximo 100 palabras)

1. Elaborar un modelo predictivo de RVS en pacientes HCC-G1, que sea capaz de predecir la RVS en estadios más iniciales del tratamiento (a las 24-48 horas o en la semana 1).
2. Definir si el empleo al inicio del tratamiento de una dosis alta de inducción con PegIFN permite clasificar a los pacientes en respondedores virológicos muy rápidos o no y ver su relación con la RVS, fortaleciendo el modelo predictivo con concentraciones plasmáticas de ribavirina e IP-10 y la resistencia insulínica.
3. Generar un ahorro de gastos innecesarios y reducción de acontecimientos adversos (modelo predictivo coste-eficiente).

JUNTA DE ANDALUCIA CONSEJERÍA DE SALUD

1.6	METODOLOGÍA

(Máximo 3 páginas)

1.6.1. Diseño del estudio: (Se debe detallar el tipo de estudio (se recomienda explicar porqué se ha elegido ese y no otro) y la metodología que conlleva el diseño. Se valorará si el diseño es apropiado para alcanzar los objetivos propuestos)

Diseño

Estudio analítico experimental prospectivo.

El método que se llevará a cabo será la aleatorización por bloques que se usará para asignar a cada uno de los pacientes que intervienen en el estudio a uno de los dos grupos (Intervención (A): dosis única de inducción de interferón pegilado α-2a de 360 microg +Ribavirina 1000-1200 mg/día según peso, seguida de 180 microgramos/semanales durante 47 semanas más + Ribavirina a igual dosis que la inicial/ No intervención (B): tratamiento estandar: interferón pegilado 180 microgramos/semanal + Ribavirina 1000-1200 mg/día según peso durante 48 semanas). Para llevarlo a cabo será necesario describir el esquema de aleatorización usado para asignar a cada uno de los pacientes que intervienen en el estudio a uno de los dos grupos (A o B). Para realizar dicho esquema de aleatorización utilizaremos el programa M.A.S. y C.T.M (Muestreos y Asignaciones Aleatorias y Cálculo de Tamaños Muestrales) versión 2.1 de GlaxoSmithKline.

1.6.2. Población de estudio: (Se valorará que la selección de los sujetos sea la adecuada para recoger datos que permitan resolver el problema a estudiar, que el tamaño muestral sea el adecuado para poder extrapolar los resultados y que los criterios de inclusión/exclusión estén bien definidos)

Tamaño de la muestra

Determinamos el mínimo tamaño muestral para la realización del estudio, fijándose en 50 pacientes en cada grupo (grupo A, grupo B). Este valor fue calculado considerando un error α del 5% y un error β del 20%. Puesto que no se dispone de información sobre la variabilidad de la proteína IP-10, se consideró una precisión absoluta en términos relativos de la desviación típica δ= 0,57 σ, la única solución existente para determinar tamaños muestrales en tales situaciones (se desconoce σ y no hay estimación de ella). La solución utilizada es aproximada y requerirá una comprobación final una vez tomadas las muestras de tamaño $n_1=n_2=50$ en el caso de aceptar la no diferencia estadística, ya que si se detecta diferencia significativa, el aumento del tamaño muestral nos llevaría a la misma conclusión que obtuvimos con el tamaño prefijado.

El paquete utilizado para la determinación de este tamaño de muestra fue el nQuery Advisor 4.0 del año 2000.

1.6.3. Variables del estudio: (Se valorará que estén sean adecuadas a los objetivos planteados y que estén bien definidas las variables dependientes, independientes y de confusión)

Las variables cualitativas del estudios son sexo, grado de fibrosis, grado de esteatosis, genotipos virales, edad (dicotómica: < 40 años y > o iguales a 40 años), carga viral basal (dicotómica: elevada o baja) y la presencia o no de una caída de la carga viral de al menos 1,5 log respecto a la basal tras una dosis de inducción a dosis de altas con interferón pegilado, como más destacables. Las variables cuantitativas son todas las variables de laboratorio de bioquímica hepática, hematológicas, alfafetoproteína, variables lipídicas, índice de masa corporal (IMC en kg/m2), carga viral (UI/ml), caída carga viral en log, pH urinario, HOMA, proteína IP-10 plasmática (picogramos/mililitro), concentraciones plasmáticas de ribavirina (microgramos/mililitro).

1.6.4. Recogida de datos: (Se valorará que el método para recoger los datos esté claramente descrito y que sea el adecuado para la obtención de los mismos)

1.6.5. Análisis de datos: (Se valorará una descripción clara y concisa del plan de análisis estadístico, epidemiológico o cualitativo a utilizar, y que la selección del análisis propuesto sea la adecuada)

En primer lugar la recogida de datos se realizará en el llamado note book de cada paciente. Tras la entrevista con el paciente, elaboraremos un fichero informático basado en excel con los datos recogidos en el note book en, donde se rellenarán todos la información necesaria para la realización del estudio en este orden: datos de anamnesis, antecedentes personales, familiares y epidemiológicos, análisis anatomopatológico basal de su biopsia hepática (grado de fibrosis), situación virológica basal (ARN-VHC previo al tratamiento), tratamientos habituales que realiza el paciente y relación de patologías de base antes de inicio del estudio. Cada visita que realice el paciente (0, 48 horas, 1 semana, 4 semanas, 12 W, 24 W, 48 W y 72 W, se recogerá tanto en el note book del paciente (soporte físico) como en la base de Excel. En cada visita se recogerá la fecha, las variables como el peso, estado clínico del paciente, posibles acontecimientos adversos sufridos relacionados con la medicación, medicamentos empleados por necesidad, contabilidad de los fármacos que haya tomado para valorar su grado de adherencia al tratamiento. En cada visita se recogerá las hojas de cumplimiento del tratamiento del paciente, para comprobar si lo ha realizado bien con su cronología correspondiente. La falta de cumplimiento se notificará en el note book en función de las dosis perdidas y su justificación. Valoraremos tras la visita los resultados analíticos que vayan viniendo para incluirlo en su note book y en base de datos de Excel. Una vez hayamos finalizado el estudio, procederemos a la codificación de las variables y haremos la conversión de nuestra base de Excel al paquete estadístico SPSS 15.0., programa que nos permitirá realizar los análisis y test estadísticos que se precisen. Los estudios analíticos estarán avalados y supervisados por el estadístico del hospital (Fundación Fabis), lo que dará rigor y solidez a nuestros resultados.

Se realizará un análisis descriptivo de los datos calculando medias y desviaciones típicas o en su defecto medias y (P_{25}, P_{75}) para variables marcadamente asimétricas. Las variables cualitativas se resumirán por porcentajes.

Para el estudio de la relación entre variables de tipo cualitativo (sexo, edad(menor igual a 40 años, mayor de 40 años), fibrosis hepática(alta o baja), grupo (A o B)),. y la respuesta virológica sostenida (sí/no) se realizará el test χ^2 de independencia con corrección de continuidad o, en su caso, el test exacto de Fisher (tablas 2x2 poco pobladas). Este análisis será complementado con la obtención de un intervalo de confianza al 95% de la diferencia de porcentajes de respuestas entre los tratamientos.

Por otro lado, para comparar la información de tipo cuantitativo (resistencia insulínica, proteína IP-10, concentraciones séricas) en los dos grupos (grupo A o B) se realizará el test de la t de Student de diferencia de medias para muestras independientes, siempre que nuestros datos verifiquen la hipótesis de normalidad, que previamente se verificará aplicando el test de Shapiro-Wilk. En caso de que no se de la normalidad se llevará a cabo un contraste no paramétrico, el test de la U de Mann-Whitney. Este análisis será complementado con la obtención de un intervalo de confianza al 95% de la diferencia de medias entre tratamientos.

Además, para comparar el momento basal con un momento determinado (semana1, semana 4 o semana 12) realizaremos el test de la t de student para muestras relacionadas siempre que queramos comparar variables de tipo cuantitativo como por ejemplo la carga viral media, la resistencia insulínica, ...

Y por último, para relacionar una variable dependiente dicotómica (presencia/ ausencia de respuesta virológica sostenida) con un conjunto de variables independientes (factores pronósticos) se considerará un modelo multivariante de Regresión Logística, el cual seleccionará el mejor conjunto de variables predictoras del evento de entre aquellas variables que en el análisis univariante resulten significativamente relacionadas con la variable dependiente a un nivel de significación inferior a 0.15. Para las variables incluidas finalmente en el modelo, el procedimiento calcula la razón de las ventajas (odds ratio individuales o estimaciones de riesgo) y sus respectivos intervalos de confianza al 95%. El análisis de los datos se realizará con el paquete estadístico SPSS 15.0.

<u>1.6.6. Limitaciones del estudio. (Se valorará la descripción de las posibles limitaciones del estudio y la elaboración de un plan de contingencia).</u>

Una de las limitaciones del estudio, aunque éstas son propias de la mayoría de los estudios unicéntricos, que son la mayoría de los que se realizan, será el hecho de contar sólo con pacientes con hepatitis crónica por VHC de un solo centro, las conclusiones que obtengamos no tengan la validez externa suficiente. Por ello, para establecer la fiabilidad y su potencial aplicación a la práctica clínica del modelo será necesario realizar un nuevo estudio al finalizar este para comprobar que las conclusiones a las que se lleguen sean totalmente aplicables al resto de centros, incluyendo pacientes en un estudio multicéntrico que ponga a prueba los resultados premiliminares obtenido en este. Otra limitación posible, es el hecho de que habitualmente en nuestra area hospitalaria el número de pacientes "naive o nuevos" diagnosticados de HCC-G1 con indicación de tratamiento antiviral podría estar en torno a los 30-35 pacientes. Podría ocurrir que esta incidencia en el año de pacientes "naive" por el azar fuera menor o mayor, presentando oscilaciones que podrían afectar al reclutamiento de potenciales pacientes participantes en el estudio, lo que nos retrasaría el estudio, con el consiguiente retraso para sacar conclusiones. Para paliar esto podríamos optar por reclutar a pacientes pertenecientes a otros centros hospitalarios de la provincia de Huelva, como son el Hospital Infanta Elena y Hospital de Riotinto. En ese caso incluiríamos en el proyecto como investigadores colaboradores a los responsables clínicos de estos pacientes que nos permitirían resolver el problema de un reclutamiento de pacientes lento. Así ganaríamos velocidad para la obtención de resultados, convertiríamos el proyecto de investigación en un estudio multicéntrico, mejorando la validez externa de nuestros resultados, al ser más representativa de la población general. Si no es necesario resolver esta contingencia en el estudio, cuando obtengamos los resultados del proyecto planteado nuestra intención será poner a prueba el modelo predictivo de RVS en los 3 centros onubenses.

MEMORIA CIENTÍFICO-TÉCNICA Y ECONÓMICA

JUNTA DE ANDALUCIA CONSEJERÍA DE SALUD

1.7	PLAN DE TRABAJO

Se valorará una buena distribución y planificación de las tareas, que cada tarea tenga asignada/s la/s persona/s que va/van a ejecutarla, la dedicación de cada miembro del equipo a la ejecución del proyecto y que se refleje el gasto, aproximado, asociado a cada una de ellas (Máximo 1 página)

El investigador principal junto con el co-investigador coordinará todo el trabajo, controlando que se llevan a cabo las actividades científicas descritas en el proyecto. Se encargará de reclutar a los pacientes que cumplan los criterios de inclusión, confirmando que se encuentran cumplimentados todos los consentimientos informados y se cumplen las condiciones de seguridad del estudio de acuerdo las líneas de actuación de la buena práctica clínica. Informará al comité ético de investigación del centro la evolución del estudio de forma periódica. Coordinará también que se cumplan el calendario de visitas de los pacientes en la semana basal, día 1, semanas 1, 4,12,24,48 y 72 del tratamiento, así como asegurarse que el calendario de las distintas extracciones analíticas se está realizando como estaba previsto. También se encargará de coordinar el traslado de muestras biológicas de nuestros pacientes en las condiciones adecuadas tal como establece la normativa comunitaria y andaluza para la determinación de las concentraciones plasmáticas de Ribavirina. Los pacientes tras su inclusión en el estudio, se recogerán en el libro de trabajo, los antecedentes epidemiológicos, sexo, edad, peso, talla, índice de masa corporal, la medicación habitualmente toma, los antecedentes médicos y quirúrgicos más relevantes, los métodos anticonceptivos que se vayan a emplear durante el estudio, que abarca desde su inclusión en él hasta 6 meses de haber finalizado el tratamiento. Todos estos aspectos serán realizados por el investigador principal y coinvestigador. Ellos serán los encargados de llevar a cabo el calendario de visitas programadas con los pacientes para controlar la buena adherencia al tratamiento, la seguridad de este, notificación y medidas de soporte de los posibles acontecimientos adversos que puedan aparecer, así como la notificación de este tipo de incidentes al comité ético de investigación del centro. Rellenarán las fichas de visitas de cada paciente y serán firmadas, custodiadas por los investigadores

Las extracciones analíticas se realizarán todas en el laboratorio de nuestro centro, excepto la determinación de las concentraciones plasmáticas de ribavirina, que se realizarán en el laboratorio del Hospital Carlos III de Madrid. Contamos con personal de laboratorio de inmunología del nuestro centro para determinar las cargas virales que están establecidas en el calendario de extracciones del proyecto de investigación, extracciones que no se realizan habitualmente en la práctica clínica diaria, que suelen ser la carga viral basal, las semanas 12, 24, 48 y 72 de tratamiento. Para el estudio se realizarán extracciones analíticas de la carga viral a los pacientes incluidos en el estudio en los periodos, 1ª 48 horas, semana 1 y semana 4. Todos los pacientes incluidos en el estudio serán sometidos a una determinación basal de bioquímica convencional, hemograma, coagulación, pH urinario, genotipo viral, carga viral basal, concentración en ayunas de insulina y glucosa para determinar el HOMA basal, concentraciones plasmáticas basales tanto de proteína IP-10, que se determinará en nuestro laboratorio. Contaremos con un calendario de extracciones analíticas y que se detalla a continuación:

1. Una bioquímica general y hemograma se realizará en las semanas basal, 4, 8, 12, 24, 48 y 72 de tratamiento, tal como se realiza en la práctica clínica diaria. pH urinario se determinará en las semanas 0,4,12,48 y 72 de tratamiento. Esto se incluye en los controles rutinarios de los pacientes que inician un tratamiento antiviral.
2. Una coagulación se realizará en el momento basal y a criterio del investigador. Forma parte de la práctica clínica diaria
3. HOMA se determinará empleando las determinaciones en ayunas de la glucosa e insulina, las cuales se realizarán en nuestro centro en los periodos 0, semana 12, 48 y 72 del tratamiento. No forman parte de la práctica clínica diaria y se incluirán en el presupuesto de financiación del proyecto. Serán realizadas por el departamento de bioquímica de nuestro laboratorio, al que habrá que incluir los coste de extracción de muestra y procesamiento por el personal técnico de laboratorio.
4. Genotipo viral se determinará antes de incluir a los pacientes, y forma parte de la práctica clínica diaria.
5. Carga viral cuantitativa en UI/ml se determinará basalmente, primeras 48 horas, semanas 1, 4, 12, 24, 48 y 72 semanas de tratamiento. Forman parte de la práctica clínica diaria las determinaciones de la carga viral cuantitativa que tiene lugar en las semanas 0, 12,24,48 y 72. Sin embargo, no forman parte de ella y se realizarán como consecuencia del proyecto de investigación las realizadas en las primeras 48 horas de tratamiento, semanas 1 y 4, de forma que estas 3 determinaciones de la carga viral adicionales se incluirán en el proyecto de financiación. Estas serán realizadas por personal de inmunología de nuestro centro, cuya mano de obra tendrá que incluirse en el proyecto de financiación del proyecto de investigación.
6. Concentraciones plasmáticas de la proteína IP-10: esta determinación se sale fuera de la práctica clínica, por lo que su financiación habrá que incluirla en el proyecto de financiación del trabajo. Se determinará basalmente, a las 24 semanas y 72 semanas. Para su determinación procederemos a la adquisición de los kits de 96 pocillos a la empresa distribuidora en España, localizada en Barcelona. En el presupuesto de financiación tendremos que incluir el precio de los kits de IP-10 necesarios para el estudio, el coste de la mano de obra del personal de laboratorio que lo vaya a determinar.
7. Concentraciones plasmáticas de Ribavirina: esta determinación, que será única para cada paciente en la semana 4 de tratamiento, se realizará fuera de la práctica habitual, por lo que tendrá que ser incluida en la financiación del proyecto los siguientes aspectos: extracción de la muestra de sangre por personal sanitario nuestro, embalaje y envío por empresa con experiencia en envío de muestras biológicas respetando la normativa vigente a este respecto, y coste de la determinación de las concentraciones plasmáticas mediante la técnica de HPLC, técnica que ya tiene la validación para la EMEA en el laboratorio del Hospital Carlos III de Madrid.

La recogida de los resultados analíticos y de la realización de las visitas programadas a los pacientes las realizarán en un trabajo coordinado entre el investigador principal y los investigadores colaboradores. Cada 2 meses ya iniciado el estudio se realizará una contabilidad analítica de los costes derivados para valorar que se están siguiendo las directrices establecidas en el presupuesto de financiación del proyecto.

Cada año se realizará una notificación al Comité Ético de Investigación del hospital de cómo está evolucionando el estudio. Tras finalizar el primer año se realizará un análisis crítico por el conjunto de investigadores para decidir si el ritmo de reclutamiento de pacientes está siendo bueno (en torno a un mínimo de 35 pacientes por año). De lo contrario, se decidiría previa notificación a la Secretaría General de Calidad y Modernización, que nos tendría que dar el visto bueno antes, la participación de los otros dos centros hospitalarios onubenses (Hospital Infanta Elena y/o Hospital de Riotinto, adquiriendo el proyecto de investigación la denominación en lugar de estudio unicéntrico, la de bicéntrico o multicéntrico.

MEMORIA CIENTÍFICO-TÉCNICA Y ECONÓMICA

JUNTA DE ANDALUCIA CONSEJERÍA DE SALUD

1.8 ASPECTOS ÉTICOS DE LA INVESTIGACIÓN

Se valorará el conocimiento de la legislación que regula los aspectos éticos de la investigación y la demostración de que se han tomado las medidas necesarias para asegurar los derechos y libertades de los sujetos de estudio. (Máximo 200 palabras)

Ajustándonos a las directrices marcadas por la normativa actualmente vigente (Ley 14/2007, de 3 de julio, de Investigación biomédica), nuestro estudio respetará cada uno de los artículos de dicha ley, en especial el artículo 2.c:" Las investigaciones a partir de muestras biológicas humanas se realizarán en el marco del respeto a los derechos y libertades fundamentales, con garantías de confidencialidad en el tratamiento de los datos de carácter personal y de las muestras biológicas…"

Nuestro proyecto de investigación antes de realizar su solicitud ha tenido el visto bueno por parte del Comité Ético de Investigación Biomédica de nuestro centro.

Respetaremos el artículo 4 sobre el consentimiento informado: " La información se proporcionará por escrito y comprenderá la naturaleza, importancia, implicaciones y riesgos de la investigación, en los términos que establece esta Ley, así como podrán revocar su consentimiento en cualquier momento, sin perjuicio de las limitaciones que establece esta Ley. La falta de consentimiento o la revocación del consentimiento previamente otorgado no supondrá perjuicio alguno en la asistencia sanitaria del sujeto.

También nuestro estudio se ciñe a la normativa contemplada en el Artículo 54 del Estatuto de Autonomía del 2007 sobre Investigación, desarrollo e innovación tecnológica.

1.9 PLAN DE DIFUSIÓN Y DIVULGACIÓN

Se valorará un plan bien definido en el tiempo, la forma de difusión y divulgación y los lugares donde se va a llevar a cabo. (Máximo 50 palabras)

Los resultados del estudio se comunicarían a la comunidad científica mediante ponencias a congresos y publicaciones en revistas científicas nacionales e internacionales. Sus avances se difundirían en los distintos medios de comunicación, si la relevancia de sus resultados fueran tal, que permitieran cambiar la concepción diagnóstica y terapéutica actualmente vigente.

MEMORIA CIENTÍFICO-TÉCNICA Y ECONÓMICA

JUNTA DE ANDALUCIA CONSEJERÍA DE SALUD

2. INVESTIGADOR/A PRINCIPAL Y EQUIPO INVESTIGADOR

2.1 EXPERIENCIA DEL/DE LA INVESTIGADOR/A PRINCIPAL Y DEL EQUIPO INVESTIGADOR SOBRE EL TEMA

Se valorará que el/la investigador/a principal y el equipo investigador hayan obtenido financiación para otros proyectos relacionados con el tema propuesto.

Investigador/a Principal

1. Título "Polimorfismo del gen promotor del factor de necrosis tumoral alfa (TNF-a): implicaciones en la evolución natural de la infección por el virus de la hepatitis C y la respuesta al tratamiento antiviral.

   Tipo de investigador (principal, colaborador, etc): Colaborador.

   Año 2003

   Duración (meses): 14 meses.

   Presupuesto: no dispongo de esa información. Os remito al investigador principal: Dr. J. Aguilar Reina (H.U.Virgen Rocío)

   Artículos publicados: Comunicación publicada en el Congreso Americano de Hígado.

2. Título "Estudio en fase II aleatorizado, multicéntrico, multinacional, abierto, para evaluar la eficacia y seguridad de interferón alfa pegilado + Ribavirina + inyección de diclorhidrato de histamina en pacientes con infección crónica del virus de la hepatitis C, que no han respondido previamente a la terapia combinada de interferón +Ribavirina". Patrocinado por (Maxim Pharmaceuticals, Inc.)

   Tipo de investigador (principal, colaborador, etc): Colaborador.

   Año: 2004

   Duración (meses): 18 meses.

   Presupuesto: no dispongo de esa información. Se la facilitaría el investigador principal (Dr. J. Aguilar Reina). Hospital U. Virgen del Rocío (Sevilla).

   Artículos publicados.

3. Título "PEG-intron y rebetol para el tratamiento de sujetos con hepatitis C crónica que no han respondido previamente al tratamiento de combinación (cualquier tratamiento con interferón alfa en combinación con ribavirina)" Patrocinado por Schering-Plough S.A.

   Tipo de investigador(principal, colaborador, etc): Colaborador.

   Año: 2004.

   Duración: 18 meses.

   Presupuesto: esa información la dispone el investigador principal (Dr. J. Aguilar Reina).

Investigadores/as colaboradores/as:

Nombre:

1. Título
   Tipo de investigador (principal, colaborador, etc)
   Año
   Duración (meses)
   Presupuesto
   Artículos publicados

2. Título
   Tipo de investigador (principal, colaborador, etc)
   Año
   Duración (meses)
   Presupuesto
   Artículos publicados

MEMORIA CIENTÍFICO-TÉCNICA Y ECONÓMICA

JUNTA DE ANDALUCIA CONSEJERÍA DE SALUD

2.2 BREVE RESUMEN DEL GRUPO DE INVESTIGACIÓN DE LOS ÚLTIMOS 5 AÑOS

Se valorará que el tamaño del grupo y la composición en cuando a disciplinas sea la adecuada. También que la actividad investigadora de todos los miembros de equipo sea relevante a nivel nacional e internacional, y que tanto el/la investigador/a principal como el equipo estén capacitados científicamente para realizar el proyecto. (Máximo 1 página)

[Marco1]

3. MEDIOS DISPONIBLES Y PRESUPUESTO SOLICITADO

3.1 MEDIOS Y RECURSOS DISPONIBLES PARA REALIZAR EL PROYECTO

Se valorará que se haga uso de los recursos disponibles en el centro de realización del proyecto

A) MATERIAL INVENTARIABLE

Contamos con siguiente material inventariable:

1. El laboratorio de Inmunología de nuestro centro podrá realizar las determinaciones de las cargas virales de los pacientes que formen parte de la práctica clínica y cuyos resultados vamos a usar para complementar las conclusiones a que leguemos en el estudio. Nos referimos a la determinaciones basales, semanas 12, 24, 48 y 72. Disponemos de los kit diagnósticos para su determinación.
2. El laboratorio de bioquímica nos permitirá la determinación de las concentraciones de glucosa para la determinación del HOMA, ya que esta se encuentra incluida dentro de la batería analítica de bioquímica que se realiza a los enfermos: semanas 0, 4, 12 y 72.
3. La determinación del pH urinario en las semana 0, 4,8 y 12.
4. El genotipo viral sólo determinado en la semana basal, así como las determinaciones de hemograma y coagulación correrán a cargo del centro investigador, al formar parte de la práctica clínica. Éstas se suelen realizar como monitorización del tratamiento en las semanas 0, 4,8,12, 24, 48 y 72.
5. Nieve carbónica para realizar el envío de muestras para determinar las concentraciones plasmáticas de ribavirina, en óptimas condiciones de conservación (-20 º C) durante al menos 24 horas hasta que llegue al laboratorio del Hospital Carlos III de Madrid.

B) MATERIAL BIBLIOGRÁFICO

Todo el material bibliográfico obtenido para su realización se obtendrá de la Biblioteca que dispone nuestro centro y de la Biblioteca Virtual del Sistema Sanitario Público Andaluz.

C) PERSONAL

Contamos con el siguiente personal:

1. Dos investigadores colaboradores: un médico adjunto del staff médico y un médico interno residente.
2. Un estadístico del hospital.
3. Responsable de la investigación en laboratorio, que coordinará la buena evolución de las determinaciones analíticas que tengan lugar en nuestro centro.
4. Un personal médico especialista que es capaz de determinar mediante ELISA las concentraciones plasmáticas de la proteína IP-10. Su labor sí habrá que financiarla.
5. Un personal del Departamento de Inmunología, que está cualificado para la determinación de las cargas virales. Su labor también habrá que financiar.
6. Fundación de Investigación Biomédica (FABIS), que permitirá una coordinación y supervisión del proyecto de investigación de acuerdo a la directiva europea, nacional y comunitaria, en coordinación con la Comisión de Calidad del centro y el Comité Ético de Investigación.

MEMORIA CIENTÍFICO-TÉCNICA Y ECONÓMICA

JUNTA DE ANDALUCIA CONSEJERÍA DE SALUD

3.2	PRESUPUESTO SOLICITADO Y JUSTIFICACIÓN. Se valorará que el presupuesto sea adecuado a los objetivos propuestos, que lo solicitado para cada partida presupuestaria esté justificado y que se detallen los gastos previstos.

CONCEPTOS	PRESUPUESTO SOLICITADO		
	AÑO 1	AÑO 2	AÑO 3
Equipamiento Inventariable: para 100 pacientes. (Justificación y detalle)			
Material Fungible: para 100 pacientes. (Justificación y detalle) 1. Kit de vacoutainer para carga viral (500 tubos: 110 €) (semanas 48h/1W/4W= 3 determ/paciente) Necesidades totales: 300 tubos (Precio total 66 €) 2. Kit de Insulina (DPC DIPESA para 200 determ: 900,33 €) (semanas 0, 4, 24 y 72 semanas = 4 determ/paciente) Necesidades totales: 4 x 100= 400 determinaciones Insulina Precio total= 1800,66 € 3. Kit de carga viral cuantitativa (Amplicor COBAS V2): para 49 determinaciones: 3540 €) Extracciones: 48 horas/ 1W/4 W (3 determ/paciente) Necesidades totales= 300 determinaciones RNA-VHC Precio total= 21673,4 € 4. Compra del Kit de proteína IP-10 +traslado =814,70 € (96 pocillos) Extracciones: basal/ 12 W / W/72 (3 determ/paciente) Necesidades totales = 300 determinaciones IP-10 Precio total= 3258,8 €	8832,86 €	8832,86 €	8832,86 €
5. Total 2 envíos por empresa World Courier: envío de muestras para determinar los niveles de Ribavirina. Transporte = 318 €/ envío (2 envíos de 50 muestras) Dos embalajes, que incluyen: Dos contenedores seguridad UN602: 36 € /unidad Dos embalajes de 22 litros: 35 € / unidad Dos embalaje interior(Bolsa 650): 8 € / unidad Total 2 transportes y 2 embalajes: 794 € 6. Determinación por paciente de niveles de Ribavirina 1 determ/ paciente: 75 € Se determinará en semana 4: solo 1 determin/paciente. Precio total: 7500 €	2784,8 €	2784,8 €	2784,8 €
Personal: (Justificación y detalle) - Investigador/a predoctoral: No precisa. - Investigador/a postdoctoral: No precisa. - Personal becario: No precisa - Personal de apoyo a la investigación:SI precisamos 1. Labor realizada por Técnico de laboratorio de bioquímica para determinar concentraciones de insulina. 400 determinaciones Remuneración: 2 € / determinaciones. Coste total= 800 € 2. Labor realizada por Técnico de laboratorio de inmunología para determinar las cargas virales. 300 determinaciones Remuneración: 3 € determinación. Coste total = 900 € 3. Labor realizada por Técnico de laboratorio para determinar la proteína IP-10 plasmática. 300 determinaciones Remuneración: 3,5 €/ determinación. Coste total = 1050 €	918,8 €	918,8 €	916,6 €

MEMORIA CIENTÍFICO-TÉCNICA Y ECONÓMICA

JUNTA DE ANDALUCIA CONSEJERÍA DE SALUD

Viajes y Dietas: (Justificación y detalle) - Congresos nacionales: Congreso Nacional de Hígado anual Inscripción + Alojamiento - Congresos internacionales: - Reuniones de grupo	600 €	600 €	500 €
Formación y difusión de resultados: (Justificación y detalle)			
Contratación de servicios externos y arrendamiento de equipamiento de investigación: (Justificación y detalle)			
Otros Gastos: (Justificación y detalle)			
TOTAL 39.342,45 €	13.114,16 €	13.114,16 €	13.114,15 €

4. APLICABILIDAD E IMPACTO POTENCIAL DEL PROYECTO PARA EL SISTEMA SANITARIO PÚBLICO ANDALUZ

4.1 IMPACTO CLÍNICO, ASISTENCIAL Y/O DESARROLLO TECNOLÓGICO

Se valorará la relevancia del impacto y que se describan los posibles beneficiarios (Máximo 20 palabras)

Optimizar los tratamiento para HCC-G1, permitiendo la toma de decisiones en 1ª semanas de tratamiento; ahorro de costes, tratamiento personalizado.

4.2 IMPACTO BIBLIOMÉTRICO

Se valorará la relevancia del impacto (Máximo 20 palabras)

Cambiaría el planteamiento diagnostico de toma de decisiones para pacientes HCC-G1, algo que sería muy valorado por la comunidad científica.

4.3 GENERACIÓN DE PATENTES

Se valorarán los posibles resultados susceptibles de ser patentables (Máximo 20 palabras)

No

4.4 ANTECEDENTES DEL INVESTIGADOR/A PRINCIPAL Y DEL EQUIPO INVESTIGADOR DE APLICACIÓN E IMPACTO DE RESULTADOS DE PROYECTOS ANTERIORES

4.4.1. Investigador/a Principal

4.4.2. Equipo investigador

Ya una vez que tengas aprobado y hayas comunicado que lo ha sido a cada departamento que vaya a participar en el proyecto, lo más conveniente es elaborar un protocolo del proyecto para que todos los facultativos puedan consultarlo y saber que pasos a seguir durante el mismo. Lo normal es que tu proyecto antes de ser presentado a la Consejería o la Entidad correspondiente a la que se va a solicitor, haya recibido el visto bueno del Comité Ético Local de tu centro sanitario, o incluso del regional, cuando hayas recibido la aprobación final.

A continuación te presento las primeras páginas de lo que fue el protocolo definitivo que elaboré para el mismo, así como otros documentos.

PROYECTO DE INVESTIGACIÓN VHC PI-0200/2008. DEPARTAMENTO HEPATOLOGÍA.

PROTOCOLO DEL PROYECTO DE INVESTIGACIÓN

Versión 5/Abril/2009

Estudio unicéntrico, analítico, experimental, prospectivo, aleatorizado a doble ciego y controlado con placebo sobre Cinética del genotipo 1 del virus de la hepatitis C durante el tratamiento antiviral. Diseño de un modelo predictivo de respuesta virológica, empleando una dosis de inducción de interferón pegilado, el grado de resistencia insulínica y las concentraciones plasmáticas de ribavirina y proteína IP-10.

PEGINTERFERÓN ALFA-2a 40 KD (PEGASYS)

Dosis de inducción inicial: 360 microgramos subcutáneos.

o

Dosis estándar: 180 microgramos subcutáneos.

+

RIBAVIRINA (COPEGUS)

Dosis si < 75 Kg.: 1000 mg/día.

Dosis si = o > 75 Kg.: 1200 mg/día.

Proyecto de investigación biomédica subvencionado por la Consejería de Salud (Expediente PI-0200/2008; BOJA nº 12 del 20/01/2009) y aprobado por el Comité Ético de Investigaciones Científicas del Hospital Juan Ramón Jiménez de Huelva

Responsables clínicos: Fernando M. Jiménez Macías, Manuel Ramos Lora, Emilio Pujol de la Llave.

Investigador principal: Fernando M. Jiménez Macías.

Responsables científicos: Emilio Pujol de la Llave y Carlos Ruiz Frutos.

Bioestadística: María Manuela Segovia González.

Servicio de Documentación Clínica: Antonio Camacho, Martina Prada y Francisco Toscano.

Centro coordinador de la financiación y documentación del proyecto: Fundación FABIS.

Servicio Clínico responsable: Sección de Aparato Digestivo. Servicio de Medicina Interna.

Servicios colaboradores: Farmacia*, Análisis Clínicos** y Anatomía Patológica***. Salvador Grutzmancher*, Casimiro Bocanegra*, J. Luis Robles**, Luis Galisteo**, Fátima Barrero**, M. J. Conde García*** et al.

Declaración de confidencialidad

La información contenida en este documento, especialmente los datos no publicados, es propiedad de los servicios de Aparato Digestivo y Medicina Interna del Hospital Juan Ramón Jiménez de Huelva. Este documento se ha proporcionado de forma confidencial al equipo investigador, servicios médicos y colaboradores implicados y participantes en el estudio, así como al Comité Ético de Investigaciones Científicas de este centro hospitalario.

1

1. RESUMEN

TÍTULO

Estudio unicentrico, analítico, experimental, prospectivo, aleatorizado a doble ciego y controlado con placebo sobre Cinética del genotipo 1 del virus de la hepatitis C durante el tratamiento antiviral. Diseño de un modelo predictivo de respuesta virológica, empleando una dosis de inducción de interferon pegilado, el grado de resistencia insulínica y las concentraciones plasmáticas de ribavirina y proteína IP-10.

INDICACIÓN

Tratamiento de la hepatitis C crónica de pacientes adultos, confirmada por estudio histológico, que tengan elevación de transaminasas, que presenten ARN del virus de la hepatitis C (VHC) en el suero o anticuerpo anti-VHC, incluidos aquellos con cirrosis hepática compensada.

OBJETIVOS

Primario

Elaborar un modelo predictivo más eficiente de respuesta virológica sostenida (RVS) y respuesta virológica rápida (RVR) en pacientes con hepatitis C crónica con genotipo 1 (HCC-G1) , que vayan a ser tratados con interferon pegilado alfa-2a 40 KD (Pegasys) en combinación con Ribavirina, en función de su peso, y basándonos en distintos patrones de cinética viral. Para su elaboración contaremos con la determinación de variables como los cambios en la cinética viral del VHC tras una dosis inicial de inducción de interferon pegilado, la resistencia insulínica (HOMA), concentraciones plasmáticas de ribavirina, proteína IP-10, tasa de filtración glomerular y el pH urinario.

Secundarios

1. Elaborar un modelo predictivo de RVS en pacientes HCC-G1, que sea capaz de predecir en fases muy iniciales del tratamiento la probabilidad de que se produzca la RVS al finalizarlo, según el grado de descenso de la carga viral detectado a las 72 horas o bien en la semana 1 de iniciado el tratamiento.

2. Definir si el empleo al inicio del tratamiento de una dosis alta de inducción con 360 microgramos de interferon pegilado alfa-2a 40 KD permite clasificar a los pacientes en respondedores virológicos muy rápidos o no y ver su relación con la RVS, fortaleciendo el modelo predictivo con variables predictoras tales como las concentraciones plasmáticas de ribavirina e IP-10 y la resistencia insulínica.

3. Demostrar que este modelo predictivo permite generar un ahorro del gasto derivado del empleo de los protocolos actualmente aceptados para el tratamiento de esta patología, reduciendo costes, permitiendo aclarar que pacientes tienen escasas posibilidades de curarse con el tratamiento y cuales sí, evitando así someterlos a acontecimientos adversos innecesarios (modelo predictivo costo-eficiente). Permitiría establecer en qué grupo de pacientes no estaría justificado el tratamiento de forma basal, en cuales habría que apoyarse en determinaciones muy precoces de estas variables para

justificarlo, no solamente basándonos en el alto valor predictivo negativo de respuesta de la semana 12 (respuesta virologica precoz o RVP), sino tambien positivo.

4. Evaluar la seguridad de la dosis de inducción de interferon pegilado (360 microgramos subcutaneos) frente a la estandar (180 microgramos).

5. Elaborar distintos perfiles basales y evolutivos de pacientes infectados crónicamente por el VHC, en función de los cambios producidos por el tratamiento en la carga viral a lo largo del tratamiento, concentraciones plasmaticas de IP-10, niveles plasmaticos de ribavirina a la 4ª semana, y resistencia insulínica.

DISEÑO DEL ESTUDIO

Estudio unicentrico, analítico, experimental, prospectivo, aleatorizado a doble ciego y controlado con placebo.

El metodo que se llevara a cabo consistirá en una aleatorización por bloques que se usara para asignar a cada uno de los pacientes que cumplan los criterios de inclusión en el estudio, a uno de los dos grupos a analizar:

1. **Grupo de pacientes sometidos a la Intervención A (Grupo A):** dosis única inicial de inducción con 360 microgramos de interferon pegilado alfa-2a + Ribavirina 1000-1200 miligramos/dia según peso, seguida de 180 microgramos/semanales durante 47 semanas mas + Ribavirina a igual dosis que la inicial.

2. **Grupo de pacientes No sometidos a la intervención A (Grupo B):** tratamiento estándar: Interferon pegilado alfa-2a 180 microgramos/semanal + Ribavirina 1000-1200 mg/dia según peso durante 48 semanas.

Se preve que los investigadores continuen con su practica clinica habitual durante todo el periodo de seguimiento. Se ha establecido un tamaño muestral de 100 pacientes, que serán incluidos aleatoriamente en cada uno de los grupos, constituyéndose, así dos grupos de 50 pacientes respectivamente sobre los que se realizará el analisis comparativo.

El objetivo del tratamiento es alcanzar una ***respuesta virológica sostenida (RVS)***, que la definimos como la ausencia de RNA-VHC en suero (< 50 UI/ml) por un test sensible a los 6 meses de haber finalizado el tratamiento. Existen otros tipos de respuestas virológicas que analizaremos:

La ***respuesta virológica precoz o temprana (RVP)***, que se alcanza cuando a las 12 semanas de tratamiento antiviral el RNA-VHC en suero es negativo o la carga viral ha descendido respecto a la basal al menos 2 Log. Los pacientes tratados con interferon pegilado más ribavirina sin respuesta (ausencia de al menos un descenso de la carga viral de 2 $\log_{10}$ respecto a la basal) a las 12 semanas de tratamiento mostraron un escaso porcentaje (< 3%) de respuesta virológica sostenida, a pesar de continuar con el tratamiento. Por ello, lo que está aceptado en la práctica clínica habitual es que si esto ocurre (ausencia de RVP: No respondedor a las 12 semanas de tratamiento), fenómeno que suele ocurrir en aproximadamente un 20% de los pacientes que inician el tratamiento, el clínico o investigador suspenderá el tratamiento en ese momento dada la baja probabilidad de obtener una RVS a las 72 semanas. Por el contrario, aquellos pacientes que si hayan alcanzado la RVP con un descenso de la carga viral de al menos 2 $\log_{10}$ respecto a la basal, pero sin negativizar el RNA-VHC en la semana 12 de tratamiento, lo que está aceptado actualmente es continuar el tratamiento antiviral hasta las 24 semanas, de forma que si ya en ese control el paciente hubiera negativizado la carga viral, continuaría con la terapia hasta completar las 48 semanas. Si no es el caso, se consideraría al paciente no respondedor a las 24 semanas, teniendo que suspenderse la medicación al paciente, dado que las posibilidades de curarse con el tratamiento inicial son prácticamente nulas o muy bajas.

Pero si esta respuesta es importante en los protocolos actuales, también es muy importante valorar qué características tienen los pacientes que presentan una ***respuesta virológica rápida (RVR)***, la cual se produce cuando los niveles de RNA-VHC se negativizan (< 50 UI/ml) durante las primeras 4 semanas de tratamiento, fenómeno que cuando ocurre las posibilidades de alcanzar la RVS son elevadas (84-89 %), siendo la tasa de recidivas en estos pacientes tras finalizar el tratamiento antiviral de aproximadamente un 15 %.

Los pacientes serán sometidos a determinaciones analíticas basales, así como a lo largo del tratamiento, destacando la carga viral, con determinaciones muy precoces no incluidas en los protocolos actuales, como son las realizadas a las 72 horas de iniciado el tratamiento, 1ª semana y 4ª semana; las concentraciones plasmáticas de la proteína IP-10 pretratamiento y a los 6 meses de finalizar el tratamiento; las concentraciones plasmáticas de ribavirina a las 4 semanas de tratamiento; la resistencia insulínica (HOMA) en las semanas 0, 4, 24 y 72, así como el pH urinario en todas las visitas.

NÚMEROS DE SUJETOS

Se prevé la participación de 100 pacientes, 50 en el grupo de intervención A y 50 en el grupo de NO intervención (Grupo B).

CRITERIOS DE INCLUSIÓN

Los pacientes que reúnan las características siguientes, previamente documentadas, podrán ser incluidos en el estudio para su participación:

1. Varones y mujeres de edad igual o mayor a 18 años.
2. Evidencia serológica de infección por hepatitis C crónica en una prueba de anticuerpos anti-HCV o nivel plasmático de RNA-VHC detectable (> 1000 UI/ml) con la prueba Cobas AmpliPrep/ Cobas TaqMan de Roche (Basilea, Suiza).
3. Actividad sérica de ALT elevada durante los seis meses anteriores al inicio del tratamiento del estudio (al menos 1 determinación).
4. Enfermedad hepática crónica compensada compatible con hepatitis crónica por infección por el VHC en una biopsia hepática, informada por un patólogo.
5. Creatinina en suero < 1,3 mg/dl.
6. TSH (hormona estimuladora del tiroides) dentro de los límites normales de laboratorio.
7. Plaquetas > 90.000 /mm^3.

8. Leucocitos > 3000/ mm3.
9. Neutrófilos > 1500/ mm3.
10. Tiempo de protrombina con una prolongacion de igual o menos de 2 segundos con respecto al control.
11. Albúmina con valores iguales o superiores a 3,5 g/dl.
12. Glucosa en sangre en ayunas < 115 mg/dl y hemoglobina A-1C < 8.5 %.
13. Los pacientes deben ser sero-VHB negativos.
14. Autoanticuerpos hepáticos (ANA, AMA, anti-LKM y anti-SMA) negativos.
15. Alfafetoproteína dentro de los límites de la normalidad (obtenida en el año anterior) o si es anormal, tendría que tener un valor < 50 en los últimos 3 meses y contar con una ecografía o RMN de hígado normal para descartar hepatocarcinoma.
16. Función cardiaca normal. Los pacientes mayores de 50 años que tengan antecedentes de una cardiopatía o tenga riesgo elevado de padecerla deben ser evaluados por cardiología antes de su inclusión (prueba de esfuerzo). Los pacientes considerados de alto riesgo de padecer enfermedades cardiacas con más de 3 factores de riesgo cardiovascular (hipertensión arterial, obesidad, hipercolesterolemia, fumadores y/o con fuerte historia familiar cardiológica) deberán ser evaluados por cardiología (prueba de esfuerzo). Los pacientes con evidencia de isquemia en ECG en reposo o de esfuerzo, o antecedentes de arritmia, angina de pecho, o un infarto de miocardio deben ser excluidos.
17. Consentimiento informado por escrito y disposición para participar y cumplir los requisitos del estudio.
18. Hepatitis crónica por VHC con genotipo 1.
19. Prueba de embarazo en sangre u orina con resultados negativos (mujeres en edad fértil), documentada en las 24 horas previas a la primera dosis de la medicación del estudio. Las pacientes no deben estar dando el pecho. Compromiso durante todo el estudio de que las pacientes sexualmente activas en edad fértil usen métodos anticonceptivos (dispositivo intrauterino, anticonceptivos orales, esterilización quirúrgica, relaciones monógamas con compañero vasectomizado o que usen preservativo +espermicida) durante el periodo de tratamiento y durante 6 meses tras la interrupción de la terapia.
20. Documentación de que los pacientes hombres que son sexualmente activos estén usando métodos aceptables de contracepción (vasectomía, uso de preservativo + espermicida, relación monógama con una compañera que usa un método anticonceptivo aceptable) durante el periodo de tratamiento y 6 meses después de la discontinuación de la terapia.
21. Todos los varones o mujeres fértiles que reciban ribavirina deben hacer uso de dos métodos anticonceptivos eficaces durante el tratamiento y durante 6 meses después de finalizar el tratamiento.

CRITERIOS DE EXCLUSIÓN

Los pacientes que presenten cualquiera de las características siguientes, no podrán ser incluidos en el estudio:

1. Mujeres que actualmente están embarazadas o en periodo de lactancia.
2. Terapia con interferón del tipo que sea + ribavirina realizada dentro del año previo a su momento de inclusión en el estudio.
3. Tratamiento con antineoplásicos sistémicos o con immunomoduladores, incluyendo dosis suprafisiologicas de esteroides y radioterapia en los 6 meses previos a cuando recibiría la primera dosis de medicación antiviral y siempre que su oncologo o hematologo responsable lo considere en estado de remisión.
4. Tratamiento con cualquier fármaco en investigación en las últimas 6 semanas (1,5 mes) antes de la primera dosis de la medicación del estudio.
5. Infección concomitante con virus activo de la hepatitis A, hepatitis B y/o virus de la immunodeficiencia humana (VIH).
6. Antecedente u otra evidencia de cualquier patologia asociada a enfermedad hepática crónica aparte del VHC (hemocromatosis, hepatitis autoinmune, cirrosis biliar primaria, colangitis esclerosante primaria, enfermedad hepatica metabolica, enfermedad hepatica alcoholica, exposicion a toxinas, enfermedad de Wilson, deficit de alfa-1-antitripsina, trasplante de higado o riñon, etc.).
7. Antecedentes u otra evidencia de sangrado a causa de varices esofágicas u otras condiciones de enfermedad hepática descompensada en el momento actual (ascitis, encefalopatia hepatica, peritonitis bacteriana espontanea).
8. Pacientes con enfermedad coronaria arterial o enfermedad cerebrovascular posible (accidente isquémico cerebral o accidente isquémico transitorio).
9. Diabetes mellitus.
10. Consumo activo de alcohol (>80 gramos/dia). Consumo de metadona en los últimos 3 meses.
11. Historia de enfermedad cardiaca severa o persistente, incluida la cardiopatia inestable o no controlada en los 6 meses anteriores.
12. Hepatitis autoinmune o historia de enfermedad autoinmune (enfermedad inflamatoria intestinal, trombocitopenia purpura idiopatica, lupus eritematoso, anemia hemolitica autoinmune, esclerodermia, psoriasis grave, artritis reumatoide).
13. Gota clínica.
14. Cirrosis hepática descompensada.

15. Hemoglobina < 12 g/dl en mujeres y hemoglobina < 13 g/dl en varones, previo al comienzo del estudio.
16. Recuento de plaquetas < 90.000/mm3.
17. Recuento absoluto de neutrófilos < 1.500 /mm3.
18. TSH y T4 fuera de los límites normales o función tiroidea no controlada.
19. Creatinina > 1,3 mg/dl.
20. Antecedentes de enfermedad psiquiátrica grave, en particular depresión. Se define como enfermedad psiquiátrica grave la que requiera tratamiento con antidepresivos o tranquilizantes mayores en dosis terapéuticas requeridas para depresión mayor o psicosis, respectivamente, durante al menos 3 meses en cualquier momento previo o cualquiera de los siguientes antecedentes: intento de suicidio, hospitalización a causa de enfermedad psiquiátrica, o periodo de discapacidad debido a enfermedad psiquiátrica.
21. Antecedentes de trastorno convulsivo grave o uso actual de anticonvulsivos.
22. Enfermedad pulmonar crónica asociada a funcionalidad limitada, cardiopatía, trasplante mayor de órgano u otros indicios de enfermedad grave, neoplasia, o cualquier otra enfermedad que, a juicio del investigador, impida que el paciente sea apto para el estudio.
23. Genotipo del VHC distinto de I.
24. Varones cuya pareja esté embarazada durante el trascurso del estudio.
25. Pacientes con riesgo aumentado de anemia (talasemia, esferocitosis, historia de hemorragias gastrointestinales, etc.) o para aquellos con anemias médicamente problemáticas.
26. Pacientes con enfermedad coronaria arterial o enfermedad cerebrovascular posible o preexistente no deben ser reclutados, o si, a juicio del investigador, una disminución aguda de hemoglobina por encima de 4 g/dl (como se ha visto con terapia con ribavirina) no fuese bien tolerada.
27. Evidencia de retinopatía grave (retinitis por citomegalovirus, degeneración macular).
28. Evidencia de consumo de drogas (incluyendo consumo excesivo de alcohol) en el año previo al estudio.
29. Incapacidad o falta de colaboración para proporcionar el consentimiento informado o atenerse a los requerimientos del estudio.
30. Paciente con alergia conocida a alguno de los fármacos del estudio.

DURACIÓN DEL ESTUDIO

Hasta que se haya reclutado un total de 100 pacientes, 50 para cada brazo, el de la dosis de inducción y la dosis estándar. Si se observara que el ritmo de inclusión de enfermos fuera inferior a 25 por año podría plantearse la posibilidad de incluir pacientes con hepatitis crónica C pertenecientes a otras Áreas

Hospitalarias de la provincia de Huelva tales como la del Infanta Elena y/o Riotinto. Por otra parte, con el objeto de aumentar el reclutamiento de pacientes con HCC-G1, contactaremos con los facultativos de Atención Primaria y del Servicio de Medicina Interna (Consulta de Orientación Diagnóstica para AP), con el fin de activar e intensificar los programas de cribado para la detección precoz de la HCC.

DOSIS/ VÍA/RÉGIMEN DE LOS FÁRMACOS EN INVESTIGACIÓN

En todos los pacientes se administrarán una dosis estándar de 180 microgramos de interferon pegilado alfa-2a una vez por semana durante 48 semanas (una jeringa precargada con 180 microgramos de Pegasys en 0.5 ml de solución de forma subcutánea en el muslo o abdomen). No debe administrarse en los miembros superiores (brazos), al estar comprobado que se alcanzan unas concentraciones séricas de interferón pegilado inferiores a las obtenidas cuando se administra en muslo o abdomen.

Solamente cuando los pacientes vayan a recibir la **primera dosis** de interferon pegilado alfa-2a, tras la administración de la dosis estándar anteriormente comentada, según el brazo de aleatorización que le toque al paciente (grupo A de intervención o grupo B de no intervención): se les administrará subcutáneamente además, otra jeringa precargada con 180 microgramos de Pegasys en 0.5 ml. de solución en el otro muslo o región distinta del abdomen (dosis de inducción, si pertenece al grupo de intervención A) o bien se administrará subcutáneamente una segunda jeringa que sólo contendrá un volumen de suero fisiológico equivalente al que lleva la jeringa precargada de 180 microgramos de Pegasys en el otro muslo o región distinta de abdomen (dosis de placebo con suero fisiológico en grupo B de NO intervención).

Además tomará 1000 miligramos al día de ribavirina con comida (Copegus, comprimidos de 200 miligramos) si tiene menos de 75 kilogramos de peso (2 comprimidos en desayuno y 3 comprimidos en cena) o 1200 miligramos al día de ribavirina si tiene 75 kilos o más de peso (3 comprimidos en desayuno y 3 comprimidos en cena) durante 48 semanas.

La dosis de los fármacos podrán ajustarse si no son bien toleradas, siguiendo los parámetros especificados en el protocolo.

Ambos productos serán proporcionados a los pacientes por el Servicio de Farmacia del hospital, libre de gastos para los pacientes.

EVALUACIONES DE:

1. RESPUESTAS VIROLÓGICAS:

*Respuesta virológica sostenida (RVS): se obtiene cuando el paciente presenta un RNA-VHC en suero indetectable (< 50 UI/ml), determinado con la prueba COBAS AMPLIPREP/ COBAS TAQMAN de Roche, (< 100 copias/ml; < 50 UI/ml) tras 48 semanas de tratamiento más 24 semanas de seguimiento (72 semanas en total).

*Respuesta virológica rápida (RVR): cuando los niveles de RNA-VHC se negativizan (< 50 UI/ml) durante las primeras 4 semanas de tratamiento.

Respuesta virológica precoz o temprana (RVP): se produce cuando la carga viral se negativiza o disminuye al menos 2 Log UI/ml respecto a la basal a las 12 semanas de tratamiento.

Respuesta virológica al final del tratamiento (RFT): ausencia de RNA-VHC al finalizar las 48 semanas de tratamiento.

2. EFECTIVIDAD:

Primaria:

Respuesta virológica sostenida (RVS), definido como los pacientes con RNA-VHC indetectable, determinado con la prueba COBAS AMPLIPREP/ COBAS TAQMAN de Roche (< 100 copias/ml; < 50 UI/ml) a las 24 semanas de haber completado el periodo de tratamiento de 48 semanas (semana 72 del estudio).

Secundaria:

- Pacientes con RNA-VHC no detectable en la semana 4 de tratamiento, determinado con la prueba COBAS AMPLIPREP/ COBAS TAQMAN de Roche: **Respuesta virológica rápida (RVR).**
- Pacientes con RNA-VHC no detectable o descenso de al menos 2 Log respecto a la basal en la semana 12 de tratamiento, determinado con la prueba COBAS AMPLIPREP/ COBAS TAQMAN de Roche: **Respuesta virológica precoz o temprana (RVP).**

3. NO EFECTIVIDAD

- Si el paciente durante las 12 primeras semanas de tratamiento no consigue reducir la viremia al menos 2 $\log_{10}$ respecto a la basal no alcanzará la RVP a las 12 semanas, considerándose **NO RESPONDEDOR** en la semana 12 (ausencia de RVP), teniéndose que suspender el tratamiento antes de las 18 semanas, periodo máximo en que tendremos que recibir el resultado de la carga viral de las 12 semanas de tratamiento. Este grupo de pacientes suponen hasta el 20% de los pacientes con genotipo 1 tratados y constituyen el subgrupo más difícil de tratar, al obtener peores resultados terapéuticos.
- Pacientes que alcanzaron la RVP a las 12 semanas de tratamiento, pero no negativizaron la carga viral en ese periodo de 3 meses de tratamiento: **RESPONDEDORES PARCIALES.** Mantendremos el tratamiento antiviral como mínimo hasta las 24 semanas de iniciado este, momento en que valoraremos si la viremia finalmente ya se ha negativizado. Si lo hubiera hecho, continuaremos el tratamiento hasta completar las 48 semanas de terapia antiviral. En caso contrario,

suspenderemos el tratamiento, considerandolo finalmente **NO RESPONDEDOR** en la semana 24.

- Pacientes que tras haber negativizado el RNA-VHC durante el tratamiento, este se positiviza (RNA-VHC detectable en suero) antes de finalizar la terapeutica: **RECIDIVANTES INTRATRATAMIENTO O BREAKTHROUGH.**
- Pacientes que tras presentar una respuesta virológica al final del tratamiento (RFT) y negativizar el RNA-VHC durante el tratamiento, este se vuelve a positivizar de nuevo tras la suspensión de la terapeutica: **RECIDIVANTES O RELAPSERS.**

4. SEGURIDAD

Se recogeran en la hoja de acontecimientos adversos generales la incidencia de cualquiera de los acontecimientos adversos relacionados con el tratamiento, especificandose dia, fecha de inicio, fecha de finalización si ocurre, tratamiento sintomático administrado, ajuste del tratamiento antiviral si lo ha precisado, especificando dosis nueva y tiempo de interferon pegilado o ribavirina, asi como fecha de reinicio de la dosis habitual una vez desaparecido el acontecimiento adverso.

5. ADHERENCIA AL TRATAMIENTO

Para que el paciente sea valorado para el analisis de resultados, será preciso que tenga una tasa de cumplimento o adherencia al tratamiento igual o superior al 80 %, tanto para el total de la dosis como para el total de la duracion establecida para cada uno de los farmacos en estudios (interferon pegilado y ribavirina), que en teoria deberian haber recibido durante el estudio.

Para comprobar un cumplimiento optimo del tratamiento por parte del paciente, los investigadores tendran que comprobar en cada una de las visitas que el paciente confirma que se ha tomado la medicación tal como estaba previsto (dispensación del fármaco en Farmacia del hospital y total cumplimentacion del calendario de dosis tanto de interferon pegilado y ribavirina).

Se notificaran en el libro de visitas las posibles perdidas de dosis que se hayan producido a lo largo del tratamiento, asi como el ajuste de dosis de los fármacos administrados por intolerancia o acontecimientos adversos.

PROYECTO DE INVESTIGACIÓN VHC PI-0200/2008. DEPARTAMENTO HEPATOLOGÍA

EVALUACIÓN	Previa al rto.	Basal	TRATAMIENTO						Seguimiento	
		Semana 0	72 horas	1 semana	2 semana	4 semanas (RVR)	12 semanas (RVP)	24 semanas	48 semanas (RFT)	72 semanas (RVS)
Bioquímica (*)	X	x	x	x	x	x	x	x	x	X
Analisis de orina	X	x	x	x	x	x	x	x	x	X
Medicacion concomitante	X	x	x	x	x	x	x	x	x	X
Acontecimientos adversos	X	x	x	x	x	x	x	x	x	X
proteina IP-10	X									X
Indice HOMA (Insulina * glucosa/22,5)	x					x		x		X
Concentraciones plasmaticas de ribavirina						X				

12

PROYECTO DE INVESTIGACIÓN VHC PI-0200/2008. DEPARTAMENTO HEPATOLOGÍA

(*) La TSH se determinara previo a la inclusion y visitas semanas 1, 4, 12, 24,48 y 72 semanas. //(**) Si el paciente tiene hipertension art. se realizara fondo de ojo.

EVALUACIÓN/ PROCEDIMIENTO	Previo a la inclusión		TRATAMIENTO							Seguimiento
		Basal	72 horas	1 semana	2 semana	4 semana (RVR)	12 semanas (RVP)	24 semanas	48 semanas (RFT)	72 semanas (RVS)
Consentimiento informado	x									
Historia clínica/ (**) /Ex. Fis. /Rx tórax/ECG	x									
Biopsia hepática	x									
IMC	x	x				x	x	x	x	X
Test de gestación	x	x			x	x	x	x	x	X
Genotipo VHC	x									
RNA-VHC (PCR)	x		x	X		x	X	x	x	X
Hematología	x	x	X	x	x	x	X	x	x	X

Índice

PROYECTO DE INVESTIGACIÓN VHC PI-0200/2008. DEPARTAMENTO HEPATOLOGÍA.

2. JUSTIFICACIÓN Y OBJETIVOS

2.1. Información general

El virus de la hepatitis C (VHC) es un problema sanitario de caracter mundial. La OMS estima que más de 170 millones de personas están infectadas por el VHC en todo el mundo[1]. La prevalencia de la infección entre donantes de sangre sanos es de un 0,02 % en el Reino Unido y norte de Europa y de 1-1,5 % en el sur de Europa[2]. La prevalencia de personas anti-VHC entre la población general española se encuentra entre el 1-2,6 %. Si se asume que ¾ partes de las personas anti-VHC (+) tienen replicación viral activa, en España entre 500000 y 800000 padecen una infección activa por VHC. La infección aguda por el VHC se cronifica entre el 50 y el 85 % de los pacientes, de los cuales un 2-20% evolucionan a una cirrosis hepatica entre los 20 y 30 años tras la infección. Los pacientes cirróticos por el VHC desarrollarán una descompensación de su hepatopatía entre un 2-5% anualmente y presentarán un carcinoma hepatocelular con una frecuencia anual que oscila entre el 1-4%.

El VHC es altamente variable y ha sido clasificado en seis genotipos distintos, a su vez, divididos en subtipos, basándose en el porcentaje de la secuencia de nucleótidos homologos[3]. Las diferencias en los genotipos no parece que afecten al curso de la enfermedad, pero influyen en la respuesta al tratamiento [4].Pacientes con el genotipo 1 del VHC presentan más dificultades en responder al tratamiento con interferon, asimismo la respuesta en tratamiento combinado de interferón y ribavirina muestra unos porcentajes de respuesta sensiblemente inferiores a los observados en pacientes con genotipos 2 o 3.

La mayoría de los sujetos infectados (70-80 %) no presentan manifestaciones clínicas. Entre un 49-91% de los que desarrollan una hepatitis aguda como resultado de la infección por VHC, acaban desarrollando una cirrosis hepática [5]. La infección crónica puede ir o no acompañada por anormalidades en las transaminasas (ALT) y viremia persistente o intermitente. Los pacientes con una infección crónica por VHC y ALT elevadas presentan un elevado riesgo de desarrollar cirrosis [6].

Se desconoce el motivo por el cual algunos pacientes con infección por VHC presentan una enfermedad benigna con escasos o nulos síntomas clínicos, mientras que otros presentan un curso de la enfermedad muy agresivo. Existen algunos factores de riesgo asociados a una mayor agresividad de la enfermedad. Entre estos factores destacan el consumo de alcohol, y la infección por el virus de la inmunodeficiencia humana (VIH), que parecen acelerar el curso de la enfermedad. En un estudio español se observó cómo el 25% de los pacientes con VIH desarrollaban cirrosis a los 15 años de la infección, mientras que en los sujetos sin VIH el porcentaje era del 6,5% [7].

El número de casos de hepatitis crónica por el virus C (VHC) diagnosticados en España anualmente parece encontrarse en torno a las 12000 personas, de los cuales presentan indicación de tratamiento aproximadamente el 50% de ellos. Actualmente, la influencia de la inmigración en la prevalencia de

Bueno en las páginas previas habrás podido valorar lo que fue el protocolo clinico que elaboramos para llevar a cabo el studio. No incluimos el protocolo completo, pues haría muy extenso y poco útil el manuscrito. Pero un protocol necesita ir acompañado de otros documentos como los que te expongo a continuación:

1) Los criterios de inclusión y exclusión;
2) Cuaderno de visitas (CRD);
3) El documento que realizamos para dejar en los centros de salud para incrementar el reclutamiento de pacientes con hepatitis crónica C.
4) Hoja de acontecimientos adversos;
5) Las respectivas hojas de adherencia al tratamiento, tanto para interferón pegilado como para Ribavirina;
6) La medicación concomitante que recibe el paciente;
7) Solicitud de los niveles plasmáticos de Ribavirina al mes de biterapia, que enviaríamos al Hospital Carlos III de Madrid;
8) Los documentos para solicitar el empleo por uso compasivo de los fármacos estimulantes de colonias granulocíticas (Filgastrim) o de serie roja (Epoetina alfa);

A continuación exponemos por orden de aparición los documentos empleados para la recogida de datos de los pacientes que se fueran a incluir en el estudio.

CRITERIOS DE INCLUSIÓN

Los pacientes que reúnan las características siguientes, previamente documentadas, podrán ser incluidos en el estudio para su participación:

- Edad > 18 años.
- Serologia VHC (+) + RNA-VHC detectable (> 1000 UI/ml).
- ALT elevado durante > 6 meses .
- Enfermedad hepática crónica compensada con biopsia hepática, informada por un patólogo.
- Creatinina sérica < 1,3 mg/dl.
- TSH normal.
- Plaquetas > 90.000 /mm^3.
- Leucocitos > 3000/ mm3.
- Neutrófilos > 1500/ mm3.
- Tiempo de protrombina igual o inferior a 2 segundos respecto al control.
- Albúmina igual o superior a 3,5 g/dl.
- Glucosa sérico en ayunas < 115 mg/dl y hemoglobina A-1C < 8.5 %.
- VHB y VIH (-).
- ANA y ANTI-SMA (-).
- Alfafetoproteína normal (obtenida en el año anterior) o si es anormal, con una ecografía o RMN de hígado normales para hepatocarcinoma y una alfafetoproteína < 50 en los últimos 3 meses.
- Función cardiaca normal.
- Consentimiento informado por escrito y disposición para participar y cumplir los requisitos del estudio.
- Hepatitis crónica por VHC con genotipo 1.

- Prueba de embarazo en sangre u orina con resultados negativos (mujeres en edad fértil) documentada en las 24 horas previas a la primera dosis de la medicación del estudio.
- Las pacientes no deben estar dando el pecho.
- Compromiso durante todo el estudio de que las pacientes sexualmente activas en edad fértil usen métodos anticonceptivos (dispositivo intrauterino, anticonceptivos orales, esterilización quirúrgica, relaciones monógamas con compañero vasectomizado o que usen preservativo +espermicida) durante el periodo de tratamiento y durante 6 meses tras la interrupción de la terapia.
- Documentación de que los pacientes hombres que son sexualmente activos estén usando métodos aceptables de contracepción (vasectomía, uso de preservativo + espermicida, relación monógama con una compañera que usa un método anticonceptivo aceptable) durante el periodo de tratamiento y 6 meses después de la discontinuación de la terapia.

CRITERIOS DE EXCLUSIÓN

Los pacientes que presenten cualquiera de las características siguientes, no podrán ser incluidos en el estudio:

- Mujeres que actualmente estén embarazadas o en periodo de lactancia.
- Terapia con interferón del tipo que sea + ribavirina realizada dentro del año previo a su momento de inclusión en el estudio.
- Tratamiento con antineoplásicos sistémicos o con inmunomoduladores en los 6 meses previos a cuando recibiría la primera dosis de medicación antiviral y siempre que su oncólogo o hematólogo responsable lo considere en estado de remisión.
- Tratamiento con cualquier fármaco en investigación en las últimas 6 semanas (1,5 mes) antes de la primera dosis de la medicación del estudio.
- Infección concomitante con virus activo de la hepatitis A, hepatitis B y/o virus de la inmunodeficiencia humana (VIH).
- Antecedente u otra evidencia de cualquier patología asociada a enfermedad hepática crónica aparte del VHC (hemocromatosis, hepatitis autoinmune, cirrosis biliar primaria, colangitis esclerosante primaria, enfermedad hepática metabólica, enfermedad hepática alcohólica, exposición a toxinas, enfermedad de Wilson, déficit de alfa-1-antitripsina, trasplante de hígado o riñón, etc.).
- Antecedentes u otra evidencia de sangrado a causa de varices esofágicas u otras condiciones de enfermedad hepática descompensada en el momento actual (ascitis, encefalopatía hepática, peritonitis bacteriana espontánea).
- Pacientes con enfermedad coronaria arterial o enfermedad cerebrovascular posible (accidente isquémico cerebral o accidente isquémico transitorio).
- Diabetes mellitus.
- Consumo activo de alcohol (>80 gramos/día). Consumo de metadona en los últimos 3 meses.
- Historia de enfermedad cardiaca severa o persistente, incluida la cardiopatía inestable o no controlada en los 6 meses anteriores.

- Hepatitis autoinmune o historia de enfermedad autoinmune (enfermedad inflamatoria intestinal, trombocitopenia púrpura idiopática, lupus eritematoso, anemia hemolítica autoinmune, esclerodermia, psoriasis grave, artritis reumatoide).
- Gota clínica.
- Cirrosis hepática descompensada.
- Hemoglobina < 12 g/dl en mujeres y hemoglobina < 13 g/dl previo al comienzo del estudio.
- Recuento de plaquetas < 90.000/mm3.
- Neutrófilos < 1.500 /mm3.
- TSH y T4 anormal o función tiroidea no controlada.
- Creatinina > 1,3 mg/dl.
- Antecedentes de enfermedad psiquiátrica grave, en particular depresión. Se define como enfermedad psiquiátrica grave la que requiera tratamiento con antidepresivos o tranquilizantes mayores en dosis terapéuticas requeridas para depresión mayor o psicosis, respectivamente, durante al menos 3 meses en cualquier momento previo o cualquiera de los siguientes antecedentes: intento de suicidio, hospitalización a causa de enfermedad psiquiátrica, o periodo de discapacidad debido a enfermedad psiquiátrica.
- Antecedentes de trastorno convulsivo grave o uso actual de anticonvulsivos.
- Enfermedad pulmonar crónica asociada a funcionalidad limitada, cardiopatía, trasplante mayor de órgano u otros indicios de enfermedad grave, neoplasia, o cualquier otra enfermedad que, a juicio del investigador, impida que el paciente sea apto para el estudio.
- Genotipo del VHC distinto de I.
- Varones cuya pareja esté embarazada durante el transcurso del estudio.
- Hemoglobina menor de 11 en mujeres y hemoglobina menor de 12 en hombres previo al comienzo del estudio.

- Pacientes con riesgo aumentado de anemia (talasemia, esferocitosis, historia de hemorragias gastrointestinales, etc.) o para aquellos con anemias médicamente problemáticas.
- Pacientes con enfermedad coronaria arterial o enfermedad cerebrovascular posible o preexistente no deben ser reclutados si, a juicio del investigador, una disminución aguda de hemoglobina por encima de 4 g/dl (como se ha visto con terapia con ribavirina) no fuese bien tolerada.
- Evidencia de retinopatía grave (retinitis por citomegalovirus, degeneración macular).
- Evidencia de consumo de drogas (incluyendo consumo excesivo de alcohol) en el año previo al estudio.
- Incapacidad o falta de colaboración para proporcionar el consentimiento informado o atenerse a los requerimientos del estudio.
- Paciente con alergia conocida a alguno de los fármacos del estudio.

PROYECTO DE INVESTIGACIÓN PI-0200/2008

"Cinética del genotipo 1 del virus de la hepatitis C durante el tratamiento antiviral. Diseño de un modelo predictivo de respuesta virológica, empleando una dosis de inducción de interferón pegilado, el grado de resistencia insulínica y las concentraciones plasmáticas de ribavirina y proteína IP-10"

LIBRO DE VISITAS
Y
CUADERNO DE RECOGIDA DE DATOS (CRD)

INICIALES PACIENTE:__________

Departamento de Hepatología
Sección Aparato Digestivo
Servicio de Medicina Interna
Área Hospitalaria Juan Ramón Jiménez
(HUELVA)

Declaración de confidencialidad

La información contenida en este documento, especialmente los datos no publicados, es propiedad de los servicios de Aparato Digestivo y Medicina Interna del Hospital Juan Ramón Jiménez de Huelva. Este documento se ha proporcionado de forma confidencial al equipo investigador, servicios médicos y colaboradores implicados y participantes en el estudio, así como al Comité Ético de Investigaciones Científicas de este centro hospitalario.

VISITA DE SELECCIÓN O PRETRATAMIENTO

PROYECTO: PI-0200/2008

INICIALES PACIENTE:__________

FECHA VISITA:____/____/______

Edad:_______ Sexo______(H/M) Peso (kg.):_______ Talla(m.):_____

Localidad nacimiento:__________________ Localidad vivienda:______________

Estado civil:(C/S/D/V)_______ Posible vía de transmisión:____________________

BIOPSIA HEPÁTICA

(METAVIR: F1/F2/F3/F4):_______ Genotipo 1 (confirmar):_____

Grado esteatosis hepática: Ausencia (0%)
Leve (< 33 %)
Moderada (33-66%).
Severa (>66 %)

Cumple todos criterios inclusión:_____
No cumple ningún criterios exclusión__

Tasa de Filtración Glomerular (Ecuación de Cockcroft-Gault):____________ (ml/min.)

Medicación concomitante:________________/________________/________________
(Apuntar en Hoja de tratamiento concomitante)

Índice de Masa Corporal (IMC= Kg./ m²):___________ TENSIÓN ART.:____/____

Consumo diario alcohol previo:__________________

Embarazos (si mujer):______ Abortos:_____ Menstruaciones (regulares):_____

Antecedentes familiares (S/N):_____

Enfermedades de interés: HTA / Enfermedad cardiaca/ Enfermedad pulmonar/ Tiroides/ Psiquiátrico/ Oncológicos/anemia/ocular/dislipemia/diabetes/

Antecedentes quirúrgicos:____

VISITA SELECCIÓN
O
PRETRATAMIENTO

INICIALES PACIENTE:__________

FECHA VISITA:_____/_____/______

Fumador (S/N):_________ CONFIRMAR TEST GESTACIÓN (-):______

Método anticonceptivo masculino (S/N):_______ Especificar cual:______________

Método anticonceptivo femenino (S/N):________ Especificar cual:______________

DIU (1) Condón con espermicida(2) Píldora anticonceptiva (3)

Diafragma + espermicida (4) Esterilización quirúrgica (Histerectomía): (5).

Posmenopáusica (6) Otros (7) especificar_________________

EXPLORACIÓN FÍSICA:

Hepatomegalia(S/N)___________ Esplenomegalia(S/N)_____________

Ascitis(S/N)_______________ Encefalopatía (S/N)______________

Adenopatías(S/N)___________ Otros hallazgos:_________________

CONFIRMAR NORMALIDAD O NEGATIVO:

VHB (-)______ VIH (-)______ FERRITINA NORMAL__________

ALFA-1-ANTITRIPSINA______ LEUCOCITOS:________ TSH:_______

NEUTRÓFILOS >1500:_______ PLAQUETAS >90000:_________

GLUCOSA NORMAL AYUNAS:_________ ANA/AMA/LKM/SMA(-):_______

CERULOPLASMINA NORMAL:_________ ALBÚMINA:_______________

HEMOGLOBINA (>12 G/DL MUJER/ > 13G/DL HOMBRES):_______________

HEMOGLOBINA PRETRATAMIENTO:_______ PLAQUETAS PRETTO_____

CONSENTIMIENTO INFORMADO FIRMADO__________

ECOGRAFIA ABDOMEN NORMAL_________ VALOR GPT_______

CARGA VIRAL PRETRATAMIENTO_________ VALOR GOT_______

VISITA BASAL

FECHA VISITA:___/___/_____ SEMANA:_______

INICIALES PACIENTE:_______

Confirmar consentimiento informado firmado(S/N):________

Peso (kg.)________ Tensión arterial:______/________

Cálculo IMC pretratamiento:_________

Test gestación negativo:______________

Carga viral basal (ARN-VHC):__________________

Leucocitos:_____________ Neutrófilos:______________

Plaquetas:_____________ Hemoglobina:____________

TSH:_________________ GOT:_________/GPT:_________

GGT:______/FA:_______ Bilirrubina total:_______/Bd:____

Coagulación (TP):______ pH urinario:_________

Proteína IP-10:_________ Glucosa(mg/dl):____________

Insulina:______________ HOMA:__________________

BRAZO ALEATORIZACIÓN INFERFERÓN:__________
POSOLOGIA RIBAVIRINA(Nº CAPS MAÑANA____/ Nº CAPS NOCHE____)

CONFIRMAR CUMPLIMIENTO MÉTODO ANTICONCEPTIVO DOBLE BARRERA (S/N):________
Viales de Pegasys prescritos:___________ Envases de 168 cp Ribavirina:______

Algún hallazgo patológico en exploración física:_____________________________
____

Comentarios generales:____

____

____

____

MEDICACIÓN CONCOMITANTE(S/N):_______(Especificar en hoja)

VISITA 72 HORAS DE TRATAMIENTO (3° DÍA)

FECHA VISITA:___/___/_____ SEMANA:___72 HORAS____

INICIALES PACIENTE:_______

Peso (kg.)________ Tensión arterial:______/________

Carga viral 48 HORAS (ARN-VHC):____________________

Leucocitos:______________ Neutrófilos:_______________

Plaquetas:______________ Hemoglobina:_____________

GOT:_________/GPT:_________

GGT:______/FA:________ Bilirrubina total:_______/Bd:____

Coagulación (TP):______ pH urinario:_________

Glucosa(mg/dl):_____________

CONFIRMAR CUMPLIMIENTO MÉTODO ANTICONCEPTIVO DOBLE BARRERA (S/N):________

Viales de Pegasys consumidos__________

Días de consumo Cápsulas de Ribavirina consumidas:______

Confirmar en Hoja de adherencia al tratamiento (S/N):_____

Ajuste de dosis:____

Comentarios generales:____

Medicación concomitante:____

FIRMADO INVESTIGADOR/CO-INVESTIGADORES:______________________

VISITA SEMANA 1 DE TRATAMIENTO

(Antes de que se administre la segunda dosis de interferón pegilado)

FECHA VISITA:___/___/_____ SEMANA:_______

INICIALES PACIENTE:_______

Peso (kg.)_________ Tensión arterial:______/________

Carga viral SEMANA 1 (ARN-VHC):_____________ (previa a 2ª dosis interferón)

Leucocitos:_____________ Neutrófilos:______________

Plaquetas:_____________ Hemoglobina:____________

TSH:________________ GOT:_________/GPT:_________

GGT:______/FA:_______ Bilirrubina total:______/Bd:____

Coagulación (TP):______ pH urinario:_________

Glucosa(mg/dl):____________

CONFIRMAR CUMPLIMIENTO MÉTODO ANTICONCEPTIVO DOBLE BARRERA (S/N):________

Viales de Pegasys consumidos__________

Días de consumo Cápsulas de Ribavirina consumidas:______

Confirmar en Hoja de adherencia al tratamiento (S/N):_____

Ajuste de dosis:____

____

Comentarios generales:____

____

____

____

Medicación concomitante:____

FIRMADO INVESTIGADOR/CO-INVESTIGADOR:_____________

VISITA SEMANA 2 DE TRATAMIENTO

FECHA VISITA:___/___/_____ SEMANA:_______

INICIALES PACIENTE:_______

Peso (kg.)________ Tensión arterial:______/________

Carga viral SEMANA 2 (ARN-VHC):__________________

Leucocitos:_____________ Neutrófilos:______________

Plaquetas:_____________ Hemoglobina:____________

TSH:________________ GOT:_________/GPT:_________

GGT:______/FA:_______ Bilirrubina total:_______/Bd:____

Coagulación (TP):______ pH urinario:_________

Glucosa(mg/dl):____________ TEST GESTACIÓN:____________

CONFIRMAR CUMPLIMIENTO MÉTODO ANTICONCEPTIVO DOBLE BARRERA (S/N):________

Viales de Pegasys consumidos__________

Días de consumo Cápsulas de Ribavirina consumidas:______

Confirmar en Hoja de adherencia al tratamiento (S/N):_____

Ajuste de dosis:____

____

Comentarios generales:____

____

____

____

Medicación concomitante:____

FIRMADO INVESTIGADOR/CO-INVESTIGADOR:____________________

VISITA SEMANA 4° TRATAMIENTO (1° mes)

FECHA VISITA:___/___/_____ SEMANA:_______

INICIALES PACIENTE:_______

Peso (kg.)________ Tensión arterial:______/________

Cálculo IMC:_________

Test gestación negativo:______________

Carga viral basal 4° SEMANA (ARN-VHC):______________ RVR(S/N)_______

Leucocitos:______________ Neutrófilos:______________

Plaquetas:______________ Hemoglobina:_____________

TSH:_________________ GOT:_________/GPT:_________

GGT:______/FA:_______ Bilirrubina total:_______/Bd:____

Coagulación (TP):______ pH urinario:_________

Glucosa(mg/dl):____________ Concentraciones RIBAVIRINA:___________

Insulina:______________ HOMA:__________________

CONFIRMAR CUMPLIMIENTO MÉTODO ANTICONCEPTIVO DOBLE BARRERA (S/N):________

Viales de Pegasys prescritos:___________ Envases de 168 cp Ribavirina:______

Viales de Pegasys consumidos:_________ Cps ribavirina consumida:_________

AJUSTE DOSIS:____

____

Comentarios generales:____

____

____

____

MEDICACIÓN CONCOMITANTE(S/N):_______(Especificar en hoja)

FIRMADO INVESTIGADOR/CO-INVESTIGADOR:______________

VISITA SEMANA 8 (2° MES)

FECHA VISITA:___/___/_____ SEMANA:_______

INICIALES PACIENTE:_______

Peso (kg.)________ Tensión arterial:______/________

Cálculo IMC:_________

Test gestación negativo:______________

Leucocitos:______________ Neutrófilos:______________

Plaquetas:______________ Hemoglobina:____________

TSH:________________ GOT:_________/GPT:_________

GGT:______/FA:_______ Bilirrubina total:_______/Bd:____

Coagulación (TP):______ pH urinario:_________

Glucosa(mg/dl):____________

CONFIRMAR CUMPLIMIENTO MÉTODO ANTICONCEPTIVO DOBLE BARRERA (S/N):________

Viales de Pegasys prescritos:___________ Envases de 168 cp Ribavirina:______
Viales de Pegasys consumidos:_________ Cps Ribavirina consumidos:_______

AJUSTE DE DOSIS:____

Comentarios generales:____

MEDICACIÓN CONCOMITANTE(S/N):______(Especificar en hoja)

FIRMADO INVESTIGADOR/CO-INVESTIGADOR:____________________

VISITA SEMANA 12 (3° MES DE TRATAMIENTO)

FECHA VISITA:___/___/_____ SEMANA:_______

INICIALES PACIENTE:_______

Peso (kg.)________ Tensión arterial:______/________

Cálculo IMC:_________

Test gestación negativo:_____________

Carga viral basal (ARN-VHC) 12 SEMANAS:____________ RVP (S/N):______

Leucocitos:_____________ Neutrófilos:______________

Plaquetas:_____________ Hemoglobina:___________

TSH:________________ GOT:_________/GPT:_________

GGT:______/FA:_______ Bilirrubina total:_______/Bd:____

Coagulación (TP):______ pH urinario:_________

Proteína IP-10:_________ Glucosa(mg/dl):___________

Insulina:_____________ HOMA:__________________

CONFIRMAR CUMPLIMIENTO MÉTODO ANTICONCEPTIVO DOBLE BARRERA (S/N):________

Viales de Pegasys prescritos:__________ Envases de 168 cp Ribavirina:______

Viales de Pegasys consumidos:_________ Cps consumidas de Ribavirina:_____
AJUSTE MEDICACIÓN:____

Comentarios generales:____

MEDICACIÓN CONCOMITANTE(S/N):_______(Especificar en hoja)

FIRMADO INVESTIGADOR/CO-INVESTIGADOR:_____________________

VISITA SEMANA 24 (6° MES DE TRATAMIENTO)

FECHA VISITA:___/___/_____ SEMANA:_______

INICIALES PACIENTE:_______

Peso (kg.)_______ Tensión arterial:_____/______ Cálculo IMC:________

Test gestación negativo:_____________

Carga viral basal (ARN-VHC) 24 SEMANAS:____________

Leucocitos:_____________ Neutrófilos:_____________

Plaquetas:_____________ Hemoglobina:___________

TSH:_______________ GOT:________/GPT:________

GGT:______/FA:______ Bilirrubina total:______/Bd:___

Coagulación (TP):______ pH urinario:________

Glucosa(mg/dl):___________ Insulina:_____________

HOMA:_________________

CONFIRMAR CUMPLIMIENTO MÉTODO ANTICONCEPTIVO DOBLE BARRERA (S/N):_______

Viales de Pegasys prescritos:__________ Envases de 168 cp Ribavirina:______

Viales de Pegasys consumidos:________ Cps consumidas de Ribavirina:_____

AJUSTE MEDICACIÓN:_______________________________________

Comentarios generales:_______________________________________

MEDICACIÓN CONCOMITANTE(S/N):______(Especificar en hoja)

FIRMADO INVESTIGADOR/CO-INVESTIGADOR:____________________

VISITA SEMANA 36 (9° MES DE TRATAMIENTO)

FECHA VISITA:___/___/_____ SEMANA:_______

INICIALES PACIENTE:_______

Peso (kg.)________ Tensión arterial:_____/_______

Cálculo IMC:_________

Test gestación negativo:______________

Leucocitos:_____________ Neutrófilos:_____________

Plaquetas:_____________ Hemoglobina:____________

TSH:_________________ GOT:_________/GPT:_________

GGT:______/FA:_______ Bilirrubina total:_______/Bd:____

Coagulación (TP):______ pH urinario:_________

Glucosa(mg/dl):____________

CONFIRMAR CUMPLIMIENTO MÉTODO ANTICONCEPTIVO DOBLE BARRERA (S/N):________

Viales de Pegasys prescritos:__________ Envases de 168 cp Ribavirina:______

Viales de Pegasys consumidos:_________ Cps Ribavirina consumidos:______

AJUSTE DE DOSIS:____

Comentarios generales:____

MEDICACIÓN CONCOMITANTE(S/N):_______(Especificar en hoja)

FIRMADO INVESTIGADOR/CO-INVESTIGADOR:____________________

VISITA SEMANA 48 (FINAL DE TRATAMIENTO)

FECHA VISITA:___/___/_____ SEMANA:_______

INICIALES PACIENTE:_______

Peso (kg.)_________ Tensión arterial:______/________

Cálculo IMC:_________

Test gestación negativo:______________

Carga viral basal (ARN-VHC) 48 SEMANAS:____________

Leucocitos:_____________ Neutrófilos:______________

Plaquetas:_____________ Hemoglobina:____________

TSH:_________________ GOT:_________/GPT:_________

GGT:______/FA:_______ Bilirrubina total:_______/Bd:____

Coagulación (TP):______ pH urinario:_________

Glucosa(mg/dl):____________ Insulina:______________

HOMA:___________________

CONFIRMAR CUMPLIMIENTO MÉTODO ANTICONCEPTIVO DOBLE BARRERA (S/N):________

Viales de Pegasys entregados:___________ Envases de 168 cp Ribavirina:______

Viales de Pegasys consumidos:_________ Cps consumidas de Ribavirina:_____

Comentarios generales:____

____

____

____

MEDICACIÓN CONCOMITANTE(S/N):_______(Especificar en hoja)

FIRMADO INVESTIGADOR/CO-INVESTIGADOR:_____________________

VISITA 12 SEMANAS POST-TRATAMIENTO

FECHA VISITA:___/___/_____ SEMANA:_______

INICIALES PACIENTE:_______

Peso (kg.)________ Tensión arterial:______/________

Cálculo IMC:_________

Test gestación negativo:______________

Leucocitos:______________ Neutrófilos:______________

Plaquetas:_____________ Hemoglobina:____________

TSH:_________________ GOT:_________/GPT:_________

GGT:______/FA:_______ Bilirrubina total:_______/Bd:____

Coagulación (TP):______ pH urinario:_________

Glucosa(mg/dl):____________

CONFIRMAR CUMPLIMIENTO MÉTODO ANTICONCEPTIVO DOBLE BARRERA (S/N):________

Comentarios generales:____

____

____

____

MEDICACIÓN CONCOMITANTE(S/N):_______(Especificar en hoja)

FIRMADO INVESTIGADOR/CO-INVESTIGADOR:____________________

VISITA SEMANA 72 (FINAL SEGUIMIENTO)

FECHA VISITA:___/___/_____ SEMANA:_______

INICIALES PACIENTE:_______

Peso (kg.)________ Tensión arterial:______/________

Cálculo IMC :_________

Test gestación negativo:______________

Carga viral basal (ARN-VHC) 72 SEMANAS:__________________

Leucocitos:_____________ Neutrófilos:______________

Plaquetas:_____________ Hemoglobina:____________

TSH:________________ GOT:_________/GPT:_________

GGT:______/FA:_______ Bilirrubina total:_______/Bd:____

Coagulación (TP):______ pH urinario:_________

Proteína IP-10:_________ Glucosa(mg/dl):____________

Insulina:______________ HOMA:__________________

CONFIRMAR CUMPLIMIENTO MÉTODO ANTICONCEPTIVO DOBLE BARRERA (S/N):________

Algún hallazgo patológico en exploración física:____________________________

____

Comentarios generales:____

____

____

____

MEDICACIÓN CONCOMITANTE(S/N):______(Especificar en hoja)

FIRMADO INVESTIGADOR/CO-INVESTIGADOR:______________________

PROYECTO INVESTIGACIÓN VHC

Título

Estudio unicéntrico, analítico, experimental, prospectivo, aleatorizado, a doble ciego y controlado con placebo sobre Cinética del genotipo 1 del virus de la hepatitis C durante el tratamiento antiviral. Diseño de un modelo predictivo de respuesta virológica, empleando una dosis de inducción de interferón pegilado, el grado de resistencia insulínica y las concentraciones plasmáticas de ribavirina y proteína IP-10.

Centro coordinador

Departamento de Hepatología

Sección Aparato Digestivo. Servicio Medicina Interna

Área Hospitalaria Juan Ramón Jiménez

(Huelva)

Investigador principal

Fernando M. Jiménez Macías

Médico adjunto Aparato Digestivo

Hospital Juan Ramón Jiménez

E-mail: ferjimenez2@gmail.com

Móvil: 635451199

Proyecto de investigación biomédica subvencionado por la Consejería de Salud (Expediente PI-0200/2008; BOJA nº 12 del 20/01/2009) y aprobado por el Comité Ético de Investigaciones Científicas del Hospital Juan Ramón Jiménez de Huelva.

Documento dirigido a Centros de Salud de Atención Primaria del Área Hospitalaria Juan Ramón Jiménez, que deseen colaborar en el Proyecto de Investigación, con objeto de aumentar las posibilidades de reclutamiento de enfermos con hepatitis crónica C (VHC)

CRITERIOS DE INCLUSIÓN

Rogamos la realización de serología para VHC cuando se den alguno/s de estos criterios, siempre que tenga una edad 18-55 años:
(marcar con X o subrayándolo):

- Hipertransaminasemia o alteración del perfil hepático.
- Ingesta excesiva de alcohol en fines de semana.
- Sobrepeso sin otros factores de riesgo cardiovascular asociado (diabetes mellitus, cardiopatía isquémica). Se admite dislipemias leves o hipertensión arterial leve que no precisen de medicación oral.
- Antecedente personal de ingreso en prisión.
- Historia de consumo de drogas intravenosas o inhaladas, incluida metadona, siempre que las haya dejado de consumir desde al menos 9 meses y confirmado por familiar.
- Antecedente de transfusiones sanguíneas u otros hemoderivados antes del año 1992.
- Persona con edad comprendida entre 18-55 años, sin enfermedades cardio-pulmonares o digestivas graves ni oncológicas, que precise transfusiones sanguíneas muy frecuentes (hemofílicos).
- Haberse sometido en su vida al menos 3-4 extracciones dentarias antes del año 1992.
- Tatuajes o piercing, independientemente de las condiciones de asepsia realizadas.
- Población homosexual, prácticas sexuales de riesgo, promiscuidad sexual, pareja no estable o contactos sexuales con prostitutas.
- Familiar de 1° grado (padres, hermano o hijos) con antecedente de hepatitis o fallecimiento o enfermedad de progenitores por enfermedad del hígado.

- Trabajador sanitario con hipertransaminasemia o pinchazo.
- Haber residido al menos 3 meses en países con bajo nivel socio-económico (África, Países de Centroamérica y Sudamérica, Países orientales, Europa del Este, India, etc.).
- Toda la población inmigrante entre 18 y 55 años de edad.
- Clase socio-económica desfavorecida (etnia gitana, trabajadores contratados en origen: polacos, rumanos, marroquíes, etc.) o residentes en áreas geográficas con menos recursos económicos.
- Varón de edad inferior o igual a los 55 años que hizo la mili antes del año 92 y que recibió vacunas entonces.

Si cumpliera alguno de estos criterios de inclusión, siempre que no cumpla ninguno de los de exclusión, rogamos se realice serología para el virus hepatitis C (anti-VHC), previa autorización del paciente a su determinación.

CRITERIOS DE EXCLUSIÓN

Si cumpliera alguno de estos criterios el paciente no podría incluirse en el estudio, aunque hubiera cumplido alguno/s de los criterios anteriores de inclusión anteriores:

- Edad menor de 18 años y mayor de 60 años.
- Antecedente psiquiátrico grave que haya precisado ingreso, incapacidad laboral o que actualmente esté con medicación para psicosis, depresión o ansiedad.
- Alcoholismo activo o consumo actual de drogas (cocaína, heroína, anfetaminas, etc.).
- Cirrosis hepática descompensada o antecedente de descompensación (ascitis, encefalopatía hepática, peritonitis bacteriana espontánea).
- Cardiopatía isquémica, enfermedad cardiovascular grave o EPOC.
- Neutropenia, leucopenia o trombopenia severas durante al menos 3 meses.
- Anemia grave o hemoglobina menor a 10 gramos/dl durante más de 4 meses en el año.
- Diabetes mellitus.
- Hipertensión arterial severa, alteración función tiroidea o dislipemia severa que precisan de medicación diaria.
- Enfermedades autoinmunes.
- Hemoglobinopatías (talasemia, esferocitosis, etc.).
- Historia de epilepsia o cuadro convulsivo.
- Insufiencia renal crónica o cifras mantenidas durante > 3 meses de creatinina >1,3 mg/dl.

- Paciente poco colaborador o mal cumplidor de tratamientos prescritos en Atención Primaria.

SI EL PACIENTE CUMPLE AL MENOS UNO DE LOS CRITERIOS DE INCLUSIÓN Y NINGUNO DE LOS CRITERIOS DE EXCLUSIÓN ANTERIORMENTE EXPUESTOS, RECOMENDAMOS REALIZACIÓN DE SEROLOGÍA ANTI-VHC.

Si la serología anti-VHC resultara positiva, rogamos que se pongan en contacto con el Departamento de Hepatología del Servicio de Aparato Digestivo del Hospital Juan Ramón Jiménez, por alguno de estos medios:

1. **Por correo electrónico: ferjimenez2@gmail.com**
2. **Por teléfono: 635451199 (Dr. Jiménez).**

Los datos que deberán ser facilitados para programar una cita con el paciente son los siguientes:

1. **Nombre y apellidos paciente, edad, fecha analítica con VHC (+).**
2. **Especificar cual/es son los criterio/s de inclusión cumple.**
3. **Médico responsable, Centro de Salud, su correo electrónico.**
4. **Teléfono de contacto del paciente, fijo y móvil si tuviera.**

Nos podremos en contacto con el paciente lo antes posible para programar una cita en las consultas de Digestivo.

HOJA DE ACONTECIMIENTOS ADVERSOS

Estudio: PI-0200/2008
Iniciales del paciente:___________

ACONTECIMIENTO ADVERSO	Marcar con una "X" si se considera severo	FECHA DE INICIO	FECHA DE CESE	GRADO SEVERIDAD 1= Leve 2= Moderado 3=Severo 4= Riesgo vital	RELACIÓN CON FÁRMACOS DEL ESTUDIO 0= Improbable 1=Posible 2=Probable	MEDIDAS TERAPEÚTICAS 0= Ninguna 1=Medicación concomitante 2=Hospitalización 3=Reducción dosis 4=Suspensión medicación 5=Retirada del estudio 6= Filgrastim 7= Eritropoyetina 100=Muerte
		___/___/___	___/___/___	1 2 3 4	0 1 2	0 1 2 3 4 5 100
		___/___/___	___/___/___	1 2 3 4	0 1 2	0 1 2 3 4 5 100
		___/___/___	___/___/___	1 2 3 4	0 1 2	0 1 2 3 4 5 100
		___/___/___	___/___/___	1 2 3 4	0 1 2	0 1 2 3 4 5 100
		___/___/___	___/___/___	1 2 3 4	0 1 2	0 1 2 3 4 5 100
		___/___/___	___/___/___	1 2 3 4	0 1 2	0 1 2 3 4 5 100
		___/___/___	___/___/___	1 2 3 4	0 1 2	0 1 2 3 4 5 100

HOJA DE CUMPLIMIENTO DEL TRATAMIENTO DE RIBAVIRINA (COMPRIMIDOS)

INICIALES PACIENTE:___________

FECHA INICIO TRATAMIENTO:____/____/______

DOSIS DE RIBAVIRINA: Nº COMPR. DESAYUNO_____(2 o 3 comp.)
Nº COMPR. CENA: 3 comprimidos.

MES 1º: FECHA INICIO :

Dia 1	___/___	Dia 16	___/___/___
Dia 2	___/___	Dia 17	___/___/___
Dia 3	___/___	Dia 18	___/___/___
Dia 4	___/___	Dia 19	___/___/___
Dia 5	___/___	Dia 20	___/___/___
Dia 6	___/___	Dia 21	___/___/___
Dia 7	___/___	Dia 22	___/___/___
Dia 8	___/___	Dia 23	___/___/___
Dia 9	___/___	Dia 24	___/___/___
Dia 10	___/___	Dia 25	___/___/___
Dia 11	___/___	Dia 26	___/___/___
Dia 12	___/___	Dia 27	___/___/___
Dia 13	___/___	Dia 28	___/___/___
Dia 14	___/___	Dia 29	___/___/___
Dia 15		Dia 30	___/___/___
Dia 31	___/___	**MES 1º: FECHA FIN:**	

MES 2ª: FECHA INICIO :

Dia 1	___/___	Dia 16	___/___/___
Dia 2	___/___	Dia 17	___/___/___
Dia 3	___/___	Dia 18	___/___/___
Dia 4	___/___	Dia 19	___/___/___
Dia 5	___/___	Dia 20	___/___/___
Dia 6	___/___	Dia 21	___/___/___
Dia 7	___/___	Dia 22	___/___/___
Dia 8	___/___	Dia 23	___/___/___
Dia 9	___/___	Dia 24	___/___/___
Dia 10	___/___	Dia 25	___/___/___
Dia 11	___/___	Dia 26	___/___/___
Dia 12	___/___	Dia 27	___/___/___
Dia 13	___/___	Dia 28	___/___/___
Dia 14	___/___	Dia 29	___/___/___
Dia 15		Dia 30	___/___/___
Dia 31	___/___	**MES 2ª: FECHA FIN**:	

MES 3ª: FECHA INICIO :

Dia 1	___/___	Dia 16	___/___/___
Dia 2	___/___	Dia 17	___/___/___
Dia 3	___/___	Dia 18	___/___/___
Dia 4	___/___	Dia 19	___/___/___
Dia 5	___/___	Dia 20	___/___/___
Dia 6	___/___	Dia 21	___/___/___
Dia 7	___/___	Dia 22	___/___/___
Dia 8	___/___	Dia 23	___/___/___
Dia 9	___/___	Dia 24	___/___/___
Dia 10	___/___	Dia 25	___/___/___

HOJA DE CUMPLIMIENTO DEL TRATAMIENTO DE PEGASYS

INICIALES PACIENTE: ____________

FECHA INICIO TRATAMIENTO:____/____/______

MES 1°			
1ª Dosis		Fecha	
2ª Dosis		Fecha	
3ª Dosis		Fecha	
4ª Dosis		Fecha	
MES 2°			
5ª Dosis		Fecha	
6ª Dosis		Fecha	
7ª Dosis		Fecha	
8° Dosis		Fecha	
MES 3°			
9ª Dosis		Fecha	
10ª Dosis		Fecha	
11ª Dosis		Fecha	
12ª Dosis		Fecha	
MES 4°			
13ª Dosis		Fecha	
14ª Dosis		Fecha	
15ª Dosis		Fecha	
16ª Dosis		Fecha	
MES 5°			
17ª Dosis		Fecha	
18ª Dosis		Fecha	
19ª Dosis		Fecha	
20ª Dosis		Fecha	

MES 6°			
21ª Dosis		Fecha	
22ª Dosis		Fecha	
23ª Dosis		Fecha	
24ª Dosis		Fecha	
MES 7°			
25ª Dosis		Fecha	
26ª Dosis		Fecha	
27ª Dosis		Fecha	
28° Dosis		Fecha	
MES 8°			
29ª Dosis		Fecha	
30ª Dosis		Fecha	
31ª Dosis		Fecha	
32ª Dosis		Fecha	
MES 9°			
33ª Dosis		Fecha	
34ª Dosis		Fecha	
35ª Dosis		Fecha	
36ª Dosis		Fecha	
MES 10°			
37ª Dosis		Fecha	
38ª Dosis		Fecha	
39ª Dosis		Fecha	
40ª Dosis		Fecha	
MES 11°			
41ª Dosis		Fecha	
42ª Dosis		Fecha	
43ª Dosis		Fecha	
44ª Dosis		Fecha	
MES 12°			
45ª Dosis		Fecha	
46ª Dosis		Fecha	
47ª Dosis		Fecha	
43ª Dosis		Fecha	

MEDICACIÓN CONCOMITANTE

ESTUDIO: PI-0200/2008

INICIALES DEL PACIENTE:___________

TRATAMIENTO CONCOMITANTE (Emplear principio activo si es posible)	FECHA DE INICIO	FECHA DE CESE	CAUSA O DESENCADENANTE

Hospital Carlos III

SaludMadrid

Comunidad de Madrid

Sinesio Delgado, 10
28029 – Madrid
Tel: 91-453 26 94
Fax: 91-453 26 96

SOLICITUD DE MONITORIZACION DE NIVELES PLASMATICOS

DE FÁRMACOS ANTIRRETROVIRALES

DATOS DEL PACIENTE

Fecha de Solicitud: **Médico:** **Centro hospitalario:** **Servicio:**	**Identificación:** **Fecha Nacimiento:** **Peso/talla:**

FÁRMACO SOLICITADO :
DOSIS / INTERVALO:
FECHA INICIO DEL TRATAMIENTO:

FECHA DE EXTRACCIÓN DE LA MUESTRA:
HORA DE EXTRACCIÓN DE LA MUESTRA:
HORA DE LA TOMA DE LA ÚLTIMA DOSIS:
FÁRMACOS CONCOMITANTES:
MOTIVO SOLICITUD:
COMENTARIOS:

INSTRUCCIONES SOBRE LA RECOGIDA DE MUESTRAS:

TIPO DE MUESTRA: *PLASMA*

1) Las muestras de plasma se obtienen, por centrifugación a partir de sangre periférica, recogida en tubos con EDTA como anticoagulante.
2) El volumen mínimo de plasma requerido es de 1 mL.
3) Las muestras deben congelarse a -20 si van a ser almacenadas hasta el momento del envío.
4) El envío de las muestras puede hacerse en contenedor refrigerado, no siendo necesaria la congelación si se van a recibir en el mismo día.

ENVIAR A: Dra. Rodriguez-Novoa-Laboratorio de Monitorización de fármacos, Servicio de Farmacia, Hospital Carlos III, C/ Sinesio Delgado nº10, 28529, Madrid

Dra. Sonia Rodriguez Novoa
Laboratorio de Monitorización farmacológica.
Hospital Carlos III
Tf de contacto: 914532694

CONFORMIDAD DEL DIRECTOR DEL HOSPITAL

Don ...., Subdirector Médico del Hospital General Juan Ramón Jiménez de Huelva

CERTIFICO:

Que he aceptado la propuesta realizada por el Dr. ________________________

__________________ para que sea realizado en este Centro un tratamiento de emergencia

del paciente ____

con el medicamento__________________________________ .

Que este tratamiento será realizado por el Dr. _________________________

del Servicio de ________________________ y controlado por mí, como Subdirector Médico del Centro.

Que este tratamiento se realizará de acuerdo con las normas establecidas por el Ministerio de Sanidad y Consumo en materia de USO COMPASIVO y deberá ser aprobado por la Dirección General de Farmacia y Productos Sanitarios.

Que igualmente se guardarán las normas éticas para este tratamiento.

Lo que firmo en Huelva, a ____ de __________________ de 200__

Fdo.:

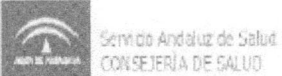

Servicio Andaluz de Salud
CONSEJERÍA DE SALUD

Área Hospitalaria
Juan Ramón Jiménez

MEDICAMENTOS EN INVESTIGACIÓN (USOS COMPASIVOS)

INFORME DE RESULTADOS

Paciente (sólo iniciales):

NHC:

Principio Activo:

Indicación para la que se aprobó:

Médico Solicitante:

Servicio:

INFORME:

Huelva, a de de 20

Fdo. Dr.

CONSENTIMIENTO INFORMADO DEL PACIENTE (O PERSONA RESPONSABLE) ANTE TESTIGO PARA TRATAMIENTOS

FARMACOLÓGICOS

D. (Dª) ______________________________ como paciente o persona responsable del paciente D. (Dª) ______________________

DECLARO QUE:

D. (Dª) ______________________________ como médico especialista en ____________________ en presencia del testigo D. (Dª) ____________________ con DNI nº ________, me comunica la posibilidad de recibir tratamiento farmacológico con ________________

Se me informa del tipo de medicación que es, de cómo se administra, con qué intervalo, del objetivo que buscamos con su empleo así como de sus consecuencias seguras, de los efectos adversos frecuentes e infrecuentes, de su mecanismo de acción, de los riesgos y beneficios que puedo obtener y de la alternativa de otros tipos de tratamientos.

Soy consciente que el recibir la medicación es voluntario y puedo renunciar a su administración en el momento que estime adecuado.

En Huelva, a _____ de ______________ de 200__

EL PACIENTE
(O PERSONA RESPONSABLE)

EL TESTIGO

Capítulo 2: Puesta en marcha de tu proyecto

Una vez que ya tienes elaborados todos los documentos que vas a precisar para recoger los datos de los pacientes durante lo que sera su tratamiento o studio, ya tienes una parte muy importante para afrontar el reclutamiento de pacientes.

Una de las mejores estrategias que puedes emplear para incrementar el reclutamiento de pacientes es elaborar unos documentos dirigidos a Atención Primaria, para facilitar el acceso al especialista cuando encuentre un paciente que pueda ser un candidato potencial para entrar en tu studio. Hay que facilitarle al máximo al medico de familia su posible participación y colaboración en el estudio. Las visitas a los centros de salud hay que organizarlas siguiendo una agenda de visitas, que deberás coordinar con los diferentes directores de los centros de salud y mantener informado en todo momento de estas visitas a tu Director de Unidad de Gestión Clínica o jefe de la unidad, para que se sienta partícipe en el estudio.

Establece un calendario de visitas a los diferentes centros de salud. Usa la página web de la Consejería de Salud o Servicio de salud correspondiente para obtener los teléfonos de visita para programar las visitas. Es muy importante que aproveches estas visitas para actualizar a los médicos de familia sobre patologías que trate tu estudio, y para facilitarle el acceso a la especializada, bien a través de móviles o direcciones de correo electrónico, que faciliten la continuidad asistencial interniveles.

Posiblemente sea de interés que la charla que des o esté acreditada o bien, elabores un acta de la reunión con copia para el director.

Deberás habilitar unos huecos y contar con la ayuda de residentes de tu especialidad o becarios para programar las diferentes visitas de los pacientes que puedan potencialmente incluirse en el estudio. Primero tendrás que hacer una visita de selección para ver si cumplen tanto los criterios de inclusión como si no se cumplen ninguno de los criterios de exclusión. Establece consensuadamente con el paciente una fecha de inclusión del paciente en el estudio que os venga bien tanto a ti como al paciente, siendo objetivo en la información y cumpliendo los criterios éticos exigidos por ley.

Debes habilitar consentimientos informados de las pruebas que vayas a someter al paciente, especialmente para aquellas determinaciones o procedimientos que no formen parte de la práctica clínica habitual, informando al paciente de los potenciales beneficios y sobre todo de los potenciales riesgos. Si estuvieses en un ensayo clínico, lo normal es que toda esta documentación te la facilite la industria farmaceútica, y esté respaldada tu actuación con seguro de responsabilidad asistencial y potenciales indemnizaciones en caso de acontecimientos adversos graves o muerte de los pacientes, en caso de producirse.

Por ello, deberás cumplir todos los requerimientos exigidos y que te soliciten por parte del Comité Ético local o regional que supervise tu estudio.

Para poder incluir a los primeros pacientes, tendrás que asegurarte que no se van a producir ningún fallo en los diferentes escalones o departamento que vayan a participar en el estudio. Tendrás que informar con suficiente antelación a cada uno de estas unidades (laboratorio, farmacia hospitalaria, anatomía patológica, etc), que vas a empezar tal día incluyendo los primeros pacientes, para que estén muy atentos a que no se produzcan desviaciones significativas del protocolo clínico establecido, pues si tienen lugar te verás, sin duda, a tener que excluir a dicho paciente de estudio, con la correspondiente decepción y coste de pruebas que se podían haber evitado.

Comprueba a diario como van las extracciones analíticas de dichos pacientes consultándolas en el sistema informático de extracciones de tu centro para ver que no falte algo que estaba previsto determinar en ese paciente y mantén una comunicación fluida con el resto de facultativos o personal auxiliar o enfermería que pueda estar implicado en el estudio, para evitar al máximo posibles errores o desviaciones de protocolo. Toma nota siempre de los teléfonos móviles de los pacientes, por si hubiera que llamarlos ante cualquier incidencia analítica o ausencia.

Informa muy bien a tus pacientes de lo que es la medicación o programa de extracciones analíticas previstas, que firme correctamente los consentimientos informado y si puedes, dejale un teléfono de contacto de fácil acceso a ti como investigador principal o de algún colaborador tuyo. Advierte que si tienen algún acontecimiento adverso moderado o grave, no duden en contactar contigo o con tu equipo para que puedan ser atendidos lo antes posible por tu unidad para que se produzca las medidas correctivas posibles o posible suspensión de la terapia.

Si existe aleatorización con/sin enmascaramiento como fue nuestro estudio, es recomendable que Farmacia Hospilaria lo realice, teniendo un documento de recogida de estos datos, que sólo ellos tendrán y sólo te facilitarán en caso de acontecimientos adversos graves.

Capítulo 3: Recogida y recopilación de datos

Es muy importante que, además de haber elaborado un libro de recogida de datos para cada paciente, como expusimos en el anterior capítulo, pues contactes, si es possible, con el departamento de Documentación Clínica de tu hospital, para que cumpliendo con las directrices la Ley de Protección de Datos actualmente vigente, puedas incluir un programa informático de recogida de datos que pueda estar disponble en la intranet de tu centro, con acceso restringido con claves secretas, a las que solo tendrá acceso, el gestor de documentación, el jefe de la unidad de Aparato Digestivo y cada uno de los investigadores que participen en el studio.

De esta manera, de cualquier terminal del área hospitalaria, podrás introducir datos de pacientes incluidos en el estudio o consultar datos que puedas precisar, respetando la confidencialidad de los pacientes. No estaría bien que tuvieras en terminales informáticos propios datos relacionados con el estudio que fuera propiedad del investigador o algún colaborador, pues no se estaría respetando esta ley. Esta herramienta es muy útil y te permitirá gestionar mejor las diferentes visitas de los pacientes que participen en el estudio y para la final recogida en el programa estadístico SPSS. Es conveniente que hagas mención en su historia clínica que forma parte del presente estudio y anotes las incidencias clínicas o analíticas más importantes. También es importante dejar los consentimientos informados en su historial médico.

En caso de que algún paciente no acuda a alguna de las visitas o no se realice analíticas previstas te recomiendo que contactes telefónicamente con ellos, para asegurarte que no ha pasado nada grave y valorar si es posible reconducir la situación para que no tenga que ser excluido del estudio.

Una de las bases importantes metodológicas de tu estudio es que hayas contactado en el diseño del mismo con el estadístico del hospital, que normalmente se encuentra vinculado a la fundación de investigación de tu centro. En mi centro hospitalario esta función le corresponde a la Fundación Fabis, la cual ejerció un papel muy relevante en lo que fue la adquisición y compras de los diferentes fungibles y reactivos del estudio, así como tenerte al día como investigador principal de todas tus obligaciones documentales y memorias que son precisas para tener al día de la evolución de tu estudio y que generalmente la Entidad que otorgó la beca desea conocer, en mi caso, la Consejería de Salud de la Junta de Andalucia.

Por ello, no dudes antes de solicitar cualquier estudio y antes de elaborar la memoria científico-económica de tu proyecto de contactar con el estadístico del hospital para que le expongas el diseño potencial de tu estudio y éste te determine cual es el tamaño muestral necesario para que obtengas la significación estadística y pueda ser un éxito al final tu estudio, que te indique cuantos pacientes por grupo precisas para ello.

De esta manera, tu objetivo será llegar a este número de pacientes incluidos y no acabará hasta que lo alcances. Puedes visualizar el cuaderno de recogida de datos (CRD), donde podrás ver como se elaboró las diferentes visitas y que párametros o variables se recogían para después hacer los análisis estadísticos y la obtención de los resultados de nuestro estudio.

Una vez que ya tienes finalizado lo que ha sido la inclusión de todos los pacientes de tu estudio, ya lo que tienes que hacer es elaborar una buena base de datos en el programa estadístico de SPSS, programa que generalmente puedes obtener licencia a través de tu fundación.

Lo primero que tienes que hacer es codificar las variables que vayas a emplear, de forma que si es "no", la codificas como "0", por ejemplo, y si es dicotómica "si", pues la codificas como "1". Si es cuantitativa, especifica, el número de decimales que lleve si es que los lleva y haces una base de datos a tu medida.

Tendrás que realizar un primer analísis descriptivo de tus resultados y posteriormente uno analítico, utilizando el test estadístico adecuado que se ajuste a los análisis que tengas que realizar.No entro en detalle como hacer esto pues sería meternos en otro tratado y esto se sale de lo que es esta obra. Está claro que es fundamental que cuentes con el estadístico de la fundación para realizar todos estos análisis estadísticos, de igual forma que contaste con él cuando necesitabas obtener el mínimo tamaño muestral necesario para realizar el estudio con éxito.

Capítulo 4: Difusión de tus resultados en congresos

Una vez que hayas obtenidos los resultados más relevantes de tu estudio con el compendio de análisis estadísticos que te generará tu programa estadístico SPSS, teniendo qué datos fueron estadísticamente significativos, con sus correspondientes intervalos de confianza y su nivel de significación, todo está listo para darlo a conocer a la comunidad científica.

Es muy importante que no te demores demasiado a la hora de comunicar tus resultados. Pero si esto es importante, más importante es ver si es posible patentar algo que hayas obtenido del mismo. La mayoría de las fundaciones médicas asociadas a centros tiene la posibilidad de contactar con la Oficina de Transferencia de Tecnología de la comunidad autónoma correspondiente para que valoren si es posible patentar tus resultados. En mi caso fue posible y diseñamos una herramienta diagnostia en programa excel que registramos como patente en Abril del 2013 en la Agencia Española de Patentes y Marcas.

Es muy importante que si lo vas a patentar, lo primero es patentarlo y después presentar tus resultados en congresos, ya que si comunicas tus resultados antes de patentarlo, el proceso de patente quedará invalidado. Por ello, ten cuidado en ésto, y aunque tengas prisas en comunicar tus resultados a congresos cuida este aspecto.

Una vez que tengas claro que comunicaciones deseas enviar a los congresos científicos, selecciona los más relevantes desde el punto de vista regional, en el ambito nacional y si es posible en alguno internacional. Esto dará prestigio a tu trabajo científico, te permitirá realizar los ajustes necesarios de posible mejoras de exposición de resultados y te permitirá vender mejor a la industria farmaceútica tu posible patente si la hubieses obtenido.

En nuestro caso, seleccionamos varios regionales (extremeño, andaluz de Aparato Digestivo, además del regional de Análisis Clínico, que nos premió como mejor comunicación oral, así como el de Calidad Asistencial regional), nacionales (Congreso Nacional de Enfermedades Infecciosas, en el cual tuvimos hasta 10 comunicaciones orales, el congreso de la Sociedad Española de Patología Digestiva, el de Farmacia Hospitalaria, siendo seleccionada como una de las 6 mejores comunicaciones del congreso, etc).

Tu rodaje a lo largo de tus exposiciones en las diferentes reuniones científicas y jornadas médicas te permitirá asentar las bases para publicar en futuras revistas médicas científicas.

Tu poster tendrá que llevar los siguientes apartados: introducción o background, material y métodos, resultados y conclusiones y en la parte inferior las referencias bibliográficas más reseñables, exponiendo los logos o iconos de las diferentes instituciones que han respaldado o financiado tu proyecto. Si se trata de una comunicación oral tendrás que prepararlo en power-point. Es muy importante respetar el tiempo de exposición que te exiga en dicho congreso, que tengas preparadas las potenciales preguntas que puedan hacerte para defenderte de la mejor forma. Para ello, te recomiendo que presentes antes tus resultados en tus foros más inmediatos, como tu servicio, otros departamentos para que te puedan hacer preguntas o posibles mejoras en tu presentación. Te ayudará todo esto a hacer una buena exposición.

Capítulo 5: Protección de datos con patente

Seguramente para tí como futuro doctor, uno de tus principales objetivos es desarrollar un buen trabajo de investigación, que te genere unos resultados brillantes y puedas publicarlo en una revista científica con factor de impacto. Si ésto es importante, y lo es, indudablemente más importante es generar una patente que pueda registrar y comercializar.

Lo que está claro que no todos los resultados de un estudio de investigación, van a ser patentables. Para ello, tus resultados tienen que cumplir una serie de requisitos para poder proceder a su protección mediante patente: ser novedoso, no haber sido publicado previamente ni distribuido a la comunidad científica, y poder tener una o varias aplicaciones a la práctica clínica o tecnológica que permita su explotación, de forma que mejore la calidad y eficacia de la práctica diaria en la materia en la que verse dicha patente.

En mi caso, se trataba de una herramienta diagnóstica que ofertabamos para pacientes con hepatitis crónica por virus de la hepatitis crónica C, que fueran a ser tratados con antivirales, la cual estratificaba el riesgo de fracaso terapeútico con biterapia, definiendo aquellos pacientes que podrían curarse solo con biterapia reducida (24 semanas) versus aquellos que precisarían un tratamiento antiviral dual estándar durante 48 semanas. Por otra parte, definiría aquellos sujetos con hepatitis crónica por VHC genotipo 1 en los que la biterapia sería insuficiente, por tener una puntuación negativa en nuestra escala pronóstica, siendo major tratarlos con triple terapia, bien asociada a interferon o bien libre de interferon pegilado.

Lo normal es que tu fundación gestione la solicitud de un informe de possible patentabilidad, para lo cual, te solicitarán que le facilites todos los datos relacionados con los resultados de tu estudio, con objeto de que la Oficina de Transferencia de Tecnología Sanitaria de tu comunidad autónoma, puede emitir un informe de patentabilidad favorable o desfavorable. En nuestro caso, afortunadamente fue favorable, por lo que fue registrada como patente en la Agencia de patentes y marca nacional. A continuación, te expongo los documentos relacionados con mi patente: en primer lugar el informe de patentabilidad que emitieron, seguido por el documento de patente propiamente registrado en la Agencia, y finalmente la oferta tecnológica que se hizo de nuestra patente por si había alguna empresa o entidad interesada en explotarla. Normalmente se registra a nivel nacional y si tuviera éxito, puede ser registrada a nivel internacional.

>> Oficina de
TRANSFERENCIA DE TECNOLOGÍA
Sistema Sanitario Público de Andalucía

Connecting health research and business!!

Método de obtención de datos útiles para la clasificación de pacientes con hepatitis crónica C genotipo 1

>> Oficina de
TRANSFERENCIA DE TECNOLOGÍA
Sistema Sanitario Público de Andalucía

(+34) 955 04 04 50

Fundación Progreso y Salud
CONSEJERÍA DE SALUD

Avda. Américo Vespucio 5, bloque 2, 1ª planta
Parque Científico y Tecnológico Cartuja
41092 Sevilla

RED DE FUNDACIONES GESTORAS de la Investigación del SSPA

SÍGUENOS EN
Follow us

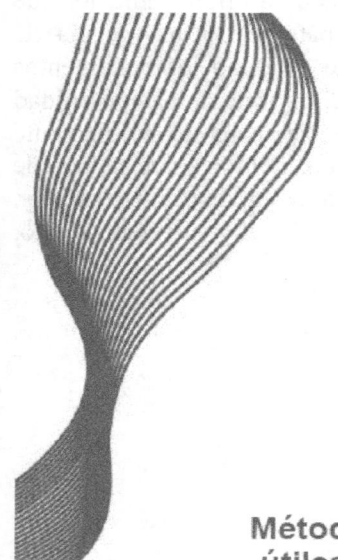

Oficina de Transferencia de Tecnología
Sistema Sanitario Público de Andalucía

1. Introducción

Los requisitos para considerar una invención patentable, recogidos en el artículo 4.1 de la Ley Española de Patentes, son los siguientes: novedad, actividad inventiva y aplicabilidad industrial.

En este estudio de patentabilidad se analizan los mencionados requisitos haciendo especial hincapié en los criterios de novedad y actividad inventiva, con respecto a aquellos documentos que constituyen el estado de la técnica más próximo a la invención, la cual versa sobre "método de obtención de datos útiles para clasificar a los pacientes con hepatitis crónica c genotipo 1 en respondedores o no respondedores a una determinada terapia".

En este estudio se ha considerado tanto la legislación española (Ley 11/1986 de 20 de marzo, de patentes de invención y modelos de utilidad, su Reglamento de ejecución y la Ley 10/2002, de 29 de abril, relativa a la protección jurídica de las invenciones biotecnológicas) como europea en materia de patentes ("*European Patent Convention*", "*Implementing Regulations of the EPC*" "*Guidelines for examination*", "*Case Law of the Boards of Appeal of the European Patent Office*"). Así como la legislación a nivel autonómico, Ley Andaluza 16/2007 de Ciencia y Conocimiento

2. Objeto de la consulta

El investigador Fernando Manuel Jiménez Macías, ha encargado a la Oficina de Transferencia de Tecnología del SSPA la evaluación de la patentabilidad de una posible invención y en caso de que dicho informe sea positivo y así se determine por los técnicos del área de comercialización, se procedería a la redacción de la solicitud de patente.

3. Objeto de la invención

El objeto de la invención es el uso de un modelo predictivo de respuesta (Escalas Onuba) como herramienta de ayuda a la toma de decisiones para pacientes con hepatitis crónica c genotipo 1. Esto permitiría obtener un método que permitiría clasificar a los pacientes en distintos grupos, de acuerdo a si serían respondedores o no respondedores a una determinada terapia (bi- o triterapia). Los distintos grupos de pacientes recibirían una u otra terapia en función de su respuesta, permitiendo un tratamiento óptimo y, simultáneamente, un ahorro de recursos al Sistema Sanitario.

4. Propuesta de aspectos inventivos

1.- Método de obtención de datos útiles para clasificar a los pacientes con hepatitis crónica c genotipo 1 en respondedores o no respondedores a una determinada terapia (bi- o triterapia), que comprende emplear como biomarcadores:

- IP-10 Sérica (pg/ml)
- Genotipo de la Interleucina-28B (*ILE-28B*): CC, CT o TT
- Cortisol sérico (mg/dl)
- Aclaramiento de la creatinina (ml/h)
- Máxima reducción de la carga vírica o RV1 ($\log_{10}$ UI/ml)

- Niveles de exigencia lipídica (NEL): valores medios de LDL (mg/dl)

implementando dichos marcadores en un algoritmo, y obtener un índice que nos permite clasificar a los pacientes en dos grupos, aquellos que deben continuar con un bi-terapia antiviral, aquellos que deben recibir una terapia triple, y aquellos en los que se debe suspender la terapia.

5. Búsqueda de documentos y resultados

Para analizar el estado de la técnica potencialmente relevante al objeto de la invención y realizar con ello el informe de patentabilidad, se han realizado búsquedas en las bases de datos propiedad de Espacenet y Freepatentsonline, que comprende el texto completo de patentes y solicitudes de patente publicadas por un gran número oficinas de patentes nacionales y supranacionales. Asimismo, se han realizado búsquedas por palabras clave en bases de datos de literatura científica PubMed, Scopus y en el buscador Google.

A la vista de los resultados de la búsqueda, los documentos considerados relevantes para evaluar la patentabilidad de la invención han sido siete artículos (**D1, D2, D3, D4, D5, D6 y D7**):

D1: Wang, J., Zhao, J., Wang, P., & Xiang, G. (2008). Expression of CXC chemokine IP-10 in patients with chronic hepatitis B. *Hepatobiliary and Pancreatic Diseases International,* *7* **(1), 45-50.**

Abstract

Background: Chemokines have strong chemoattractant effects and are involved in a variety of immune and inflammatory reactions, such as attracting activated T lymphocytes, neutrophils, monocytes and natural killer cells via the pathway of G protein-coupled receptors to sites of inflammatory injury and contribute to wound repair. This investigation was designed to assess the levels of chemokine interferon-γ inducible protein-10 (IP-10) and IP-10 mRNA, and the relationship between IP-10 mRNA and HBV-DNA and alanine aminotransferase (ALT) in patients with chronic hepatitis B. Methods: The levels of IP-10 mRNA in peripheral blood mononuclear cells (PBMCs) were kinetically detected by real-time polymerase chain reaction (PCR). The rate of chemokine/GAPDH was regarded as the extreme level of chemokine. The level of IP-10 in serum was measured by enzyme linked immunosorbent assay (ELISA), and the expression of IP-10 in hepatic biopsy tissue was detected by streptavidin-peroxidase (SP) immunohistochemistry. Results: The level of IP-10 mRNA in the PBMCs of patients was 0.7387±0.0768 (lg cDNA/lg GAPDH); it was significantly higher in patients with chronic hepatitis B than that in normal controls ($P<0.001$). The level of IP-10 in the serum of patients was 660.9±75.5 pg/ml. There was a significant difference between patients with chronic hepatitis B and normal controls ($P<0.05$). In patients with chronic hepatitis B, the level of IP-10 mRNA in PBMCs was correlated with the IP-10 plasma level ($r=0.7312$, $P<0.001$), and the IP-10 plasma level was fairly correlated with the levels of ALT and HBV-DNA plasma ($r=0.7235$, $P<0.001$; $r=0.7371$, $P<0.001$). IP-10 was found by immunohistochemical analysis to be selectively upregulated on sinusoidal endothelium. Conclusions: The expression of IP-10 mRNA in PBMCs, IP-10 plasma concentration and the expression of IP-10 in sinusoidal endothelium are all high in patients with chronic hepatitis B. Chemokine IP-10 may play an important role in trafficking inflammatory cells to the local focus in the liver and induce the development of the chronicity of hepatitis B.

Oficina de Transferencia de Tecnología
Sistema Sanitario Público de Andalucía

D2: Ge, D., Fellay, J., Thompson, A. J., Simon, J. S., Shianna, K. V., Urban, T. J., Goldstein, D.B. (2009). Genetic variation in IL28B predicts hepatitis C treatment-induced viral clearance. ***Nature, 461*** **(7262), 399-401.**

Abstract

Chronic infection with hepatitis C virus (HCV) affects 170 million people worldwide and is the leading cause of cirrhosis in North America. Although the recommended treatment for chronic infection involves a 48-week course of peginterferon-α-2b (PegIFN-α-2b) or-α-2a (PegIFN-α-2a) combined with ribavirin (RBV), it is well known that many patients will not be cured by treatment, and that patients of European ancestry have a significantly higher probability of being cured than patients of African ancestry. In addition to limited efficacy, treatment is often poorly tolerated because of side effects that prevent some patients from completing therapy. For these reasons, identification of the determinants of response to treatment is a high priority. Here we report that a genetic polymorphism near the IL28B gene, encoding interferon-3 (IFN-3), is associated with an approximately twofold change in response to treatment, both among patients of European ancestry (P = 1.06 × 10-25) and African-Americans (P = 2.06 × 10-3). Because the genotype leading to better response is in substantially greater frequency in European than African populations, this genetic polymorphism also explains approximately half of the difference in response rates between African-Americans and patients of European ancestry.

D3: Cyr, D. D., Lucas, J. E., Thompson, J. W., Patel, K., Clark, P. J., Thompson, A., McCarthy, J.J. (2011). Characterization of serum proteins associated with IL28B genotype among patients with chronic hepatitis C. ***PLoS ONE, 6*** **(7)**

Abstract

Introduction: Polymorphisms near the IL28B gene (e.g. rs12979860) encoding interferon λ3 have recently been associated with both spontaneous clearance and treatment response to pegIFN/RBV in chronic hepatitis C (CHC) patients. The molecular consequences of this genetic variation are unknown. To gain further insight into IL28B function we assessed the association of rs12979860 with expression of protein quantitative traits (pQTL analysis) generated using open-platform proteomics in serum from patients. Methods: 41 patients with genotype 1 chronic hepatitis C infection from the Duke Liver Clinic were genotyped for rs12979860. Proteomic profiles were generated by LC-MS/MS analysis following immunodepletion of serum with MARS14 columns and trypsin-digestion. Next, a latent factor model was used to classify peptides into metaproteins based on co-expression and using only those peptides with protein identifications. Metaproteins were then analyzed for association with IL28B genotype using one-way analysis of variance. Results: There were a total of 4,186 peptides in the data set with positive identifications. These were matched with 253 proteins of which 110 had two or more associated, identified peptides. The IL28B treatment response genotype (rs12979860_CC) was significantly associated with lower serum levels of corticosteroid binding globulin (CBG; p = 9.2×10 [illegible]), a major transport protein for glucocorticoids and progestins. Moreover, the CBG metaprotein was associated with treatment response (p = 0.0148), but this association was attenuated when both IL28B genotype and CBG were included in the model, suggesting that the CBG association may be independent of treatment response. Conclusions: In this cohort of chronic hepatitis C patients, IL28B polymorphism was associated with serum levels of corticosteroid binding globulin, a major transporter of cortisol, however, CBG does not appear to mediate the association of IL28B with treatment response. Further investigation of this pathway is warranted to determine if it plays a role in other comorbidities of HCV-infection.

D4: Bassendine, M. F., Sheridan, D. A., Bridge, S. H., Felmlee, D. J., & Neely, R. D. G. (2013). Lipids and HCV. ***Seminars in Immunopathology,*** **35(1), 87-100.**

Abstract

Chronic hepatitis C virus (HCV) infection is associated with an increase in hepatic steatosis and a decrease in serum levels of total cholesterol, low-density lipoprotein cholesterol (LDL) and apolipoprotein B (apoB), the main protein constituent of LDL and very low-density lipoprotein (VLDL). These changes are more marked in HCV genotype 3 infection, and effective treatment results in their reversal. Low lipid levels in HCV infection correlate not only with steatosis and more advanced liver fibrosis but also with non-response to interferon-based therapy. The clinical relevance of disrupted lipid metabolism reflects the fact that lipids play a crucial role in the life cycle of hepatitis C virus. HCV assembly and maturation in hepatocytes depend on microsomal triglyceride transfer protein and apoB in a manner that parallels the formation of VLDL. VLDL production from the liver occurs throughout the day with an estimated 10[illegible] particles produced every 24 h whilst the estimated hepatitis C virion production rate is 10[illegible] virions per day. HCV particles in the serum exist as a mixture of complete low-density infectious lipo-viral particles (LVP) and a vast excess of apoB-associated empty nucleocapsid-free sub-viral particles that are complexed with anti-HCV envelope antibodies. Apolipoprotein E (apoE) is also involved in HCV particle morphogenesis and is an essential apolipoprotein for HCV infectivity. ApoE is a critical ligand for the receptor-mediated removal of triglyceride rich lipoprotein (TRL) remnants by the liver. The dynamics of apoB-associated lipoproteins, including HCV-LVP, change post-prandially with an increase in large TRL remnants and very low density HCV-LVP which are rapidly cleared by the liver (at least three HCV receptors are cellular receptors for uptake of TRL remnants). In summary, HCV utilises triglyceride-rich lipoprotein pathways within the liver and the circulation to its advantage.

D5: Li, L., Luo, M., Yang, E., Wang, R., Wang, H., Cao, W. (2012). Relationship between efficacy of antiviral treatment and changes in blood lipid metabolism in patients with chronic hepatitis C. ***World Chinese Journal of Digestology*, 20(30), 2961-2965.**

Abstract

AIM: To observe changes in blood lipid metabolism in patients with chronic hepatitis C (CHC) who have received antiretroviral treatment, and to investigate the relationship between efficacy of antiviral treatment and changes in blood lipid metabolism. METHODS: Seventy-four patients with CHC who have received pegylated interferon α-2α and ribavirin for 48 wk were followed. HCV-RNA quantification and serum levels of triglycerides (TG), total cholesterol (TC), low-density lipoprotein cholesterol (LDL-C), and high-density lipoprotein cholesterol (HDL-C) at 0, 12, 24, and 48 wk were detected and analyzed. RESULTS: Sustained virological response (SVR) was found in 43 (58%) patients with CHC, and 31 (42%) patients had non-sustained virological response (Non-SVR). Although the SVR group had lower serum levels of TG, TC, HDL-C and higher serum levels of LDL-C before antiviral treatment, there were no significant differences in these parameters between the two groups. The changes in serum levels of different parameters showed different trends during the treatment. TG levels showed an increasing trend in both groups. Serum levels of HDL-C decreased more visibly in the SVR group than in the non-SVR group, but there was no significant difference between them. The decreasing trend of LDL-C levels was the same between the two groups at the early stage of treatment; however, serum levels of LDL-C gradually increased after 12 wk in the non-SVR group, although serum levels of LDL-C at 48 wk were still lower than baseline level, and HCV-RNA was still detectable. Serum LDL-C was maintained at low levels in the SVR group until the end of treatment, although HCV-RNA was undetectable at this time. After 12 weeks of treatment, serum levels of TC significantly decreased in the SVR group compared to those in the non-SVR group. CONCLUSION: Efficacy of antiviral treatment is closely associated with changes in blood lipid metabolism in patients with CHC. Our finding that serum levels of LDL-C were low before treatment and rebounded during treatment indicates that the efficacy was not good. Lower serum levels of TC are beneficial to the efficacy of antiviral treatment.

D6: Neukam, K., Camacho, A., Caruz, A., Rallón, N., Torres-Cornejo, A., Rockstroh, J. K., Pineda, J. A. (2012). Prediction of response to pegylated interferon plus ribavirin in HIV/hepatitis C virus (HCV)-coinfected patients using HCV genotype, IL28B variations, and HCV-RNA load. ***Journal of Hepatology*, *56* (4), 788-794.**

Abstract

Background & Aims: This study aimed at developing a predictive algorithm based on interleukin 28B (IL28B) genotype, hepatitis C virus (HCV) genotype, and plasma HCV-RNA load, which could accurately allow us to define the probability of response to pegylated interferon (Peg-IFN) plus ribavirin (RBV) therapy in HIV/HCV-coinfected patients. Methods: Five hundred and twenty-one treatment-naive HIV-infected patients, who initiated HCV therapy with Peg-IFN/RBV, were analysed in an on-treatment basis. Patients were categorized as unlikely responders, uncertain responders, and anticipated responders (<20%, 20-60%, and >60% probability to achieve SVR, respectively). Results: HCV genotype, baseline HCV-RNA load, and IL28B genotype were confirmed as independent predictors of SVR in a logistic regression analysis. A stepwise algorithm based on these three variables was created based on 321 patients and evaluated in the remaining 200 patients. Unlikely responders included patients with genotype 1 or 4, HCV-RNA load ≥600,000 IU/ml, and rs12979860 non-CC (rate of SVR: 17.3%). Anticipated responders were those with HCV genotype 2-3, patients harboring HCV genotype 4 and IL28B CC, as well as those who simultaneously bore HCV genotype 1, HCV-RNA load <600,000 IU/ml, and IL28B CC (rate of SVR 74.1%, 77.8%, and 64.4%, respectively). The area under the receiver operating characteristic curve of the model was 0.77 (0.733-0.814). Conclusions: The combined use of IL28B genotype, HCV genotype, and HCV-RNA load enables to easily identify patients with a high and very low likelihood of SVR. HCV therapy could be deferred in the latter patients, until more effective options are available, at least if they do not show advanced liver fibrosis.

D7: Pineda, J. A., Caruz, A., Di Lello, F. A., Camacho, A., Mesa, P., Neukam, K., Rivero, A. (2011). Low-density lipoprotein receptor genotyping enhances the predictive value of IL28B genotype in HIV/hepatitis C virus-coinfected patients. *AIDS* 25 (11), 1415-1420.

Abstract

Objective: The aims of this study were to appraise the predictive value of variations in a single-nucleotide polymorphism (SNP) in the low-density lipoprotein receptor (LDLR) gene for sustained virological response (SVR) to pegylated interferon (Peg-IFN) and ribavirin (RBV), as well as to analyze the relationship between LDLR genotype and other predictors of SVR, particularly IL28B genotype, in patients coinfected with HIV and hepatitis C virus (HCV). Methods: One hundred and eighty-four HIV/HCV-coinfected, treatment-naive patients with chronic HCV infection, who received Peg-IFN and RBV, were included. Variations in the SNP rs14158 and rs12979860 were tested by Taqman PCR assay. Results: Twenty-eight (38%) patients with rs14158 TT/TC and 61 (55%) with CC (P=0.028) achieved SVR. The rates of SVR in patients with rs14158TT/TC and with CC harboring HCV 1-4 were 20 and 41% (P=0.020), respectively, and, in those with HCV genotype 2-3, 75 and 84% (P=0.513), respectively. Patients with rs14158 CC showed less commonly plasma HCV-RNA load at least 600000IU/ml (57 vs. 71%, P=0.047) and lower likelihood of relapse (13 vs. 30%, P=0.023). In patients with HCV genotype 1-4, the rates of SVR according to the combination of IL28B/LDLR genotypes were: CC/CC=69%; CC/non-CC: 30%; non-CC/CC: 25%; non-CC/non-CC: 14% (P<0.001). Conclusion: Variations in rs14158 are associated with SVR to Peg-IFN and RBV in HIV/HCV-coinfected patients harboring HCV genotype 1-4. LDLR and IL28B genotypes seem to have a synergistic effect on SVR. The combined use of LDLR and IL28B genotypes in routine clinical practice could enhance the predictive value of IL28B genotype alone.

6. Análisis de los documentos, opinión sobre la novedad y el carácter técnico de la invención.

Con el fin de evaluar la patentabilidad de la invención objeto del presente informe (cumplimiento o no de los requisitos de novedad y actividad inventiva) se ha procedido a comparar la invención propuesta con la materia descrita en los documentos considerados potencialmente relevantes.

Oficina de Transferencia de Tecnología
Sistema Sanitario Público de Andalucía

Una invención se considera nueva cuando no está comprendida en el estado de la técnica, el cual está constituido por todo lo que se ha hecho accesible al público antes de la fecha de presentación de una solicitud de patente.

Los documentos **D1**, **D2**, **D3**, **D4** y **D5** recogen que todos los biomarcadores empleados en el método de la invención han sido usados como que indicadores de respuesta en pacientes con hepatitis crónica c genotipo 1, aunque el uso simultáneo de todos podría ser nuevo.

El valor predictivo de la combinación de distintos biomarcadores, incluyendo todos los que se emplean en la invecnión, así como la creación de algoritmos predictivos, ya han sido descritos con anterioridad en los documentos **D6** y **D7**.

Los algoritmos como tales no son patentables, ya que se consideranmétodos matemáticos, los cuales son excluidos de la patentabilidad (Ver Anexos: Art. 4, 11/1986 de 20 de marzo, de patentes de invención y modelos de utilidad). Sin embargo, a pesar de que un algoritmo como tal no es patentable, una aplicación técnica del algoritmo podría ser patentable, aunque quedaría sujeto a la interpretación por el examinador. La cuestión de si el algoritmo puede ser considerado característica técnica o no, podría interferir en el proceso de obtención de la patente.

Se podría defender como aplicación técnica un método de diagnóstico, que consista en medir los biomarcadores citados para la toma de decisiones en pacientes con hepatitis crónica C genotipo 1, clasificándolos en distintos grupos según deban recibir la triple terapia, la doble, o ninguna.

Otro aspecto a considerar son los documentos previos del estado de la técnica. Las "Escalas Onuba" se citan en el Congreso Anual de la Asociación Española para el estudio del Hígado, celebrado en Madrid del 20-22 de febrero de 2013. Aunque no se hace una descripción detallada del algoritmo, de la obtención del índice, si se desvelan los parámetros medidos, así como los puntos de corte empleados. Esto podría afectar también al proceso para obtener la patente, aunque consideramos que puede tener una mayor implicación en la evaluación de la actividad inventiva.

Considerando todo lo anterior, podemos resumir que la invención podría ser objeto de protección siempre y cuando se enfocase como un método de clasificación de pacientes. Respecto a la novedad, y pese a la divulgación previa en el congreso, consideramos que si se basa el efecto técnico en algoritmo que nos permite obtener el índice, dicho algoritmo no se divulga en la información presentada en el congreso, y por tanto, podría ser nueva.

7. Actividad Inventiva

Una invención posee actividad inventiva cuando no resulta evidente para el experto en la materia a la vista del estado de la técnica, el cual esta constituido por todo aquello hecho accesible al público antes de la fecha de presentación (o prioridad válidamente invocada) de la solicitud de patente.

Para evaluar la actividad inventiva de la invención descrita, se va a aplicar un procedimiento desarrollado por la Oficina Europea de Patentes (GL, C-IV 9.8) conocido como "*problem-solution-approach*" que, aunque no es obligatorio seguir, es recomendable. Dicho método consiste, brevemente, en:

- determinar el estado de la técnica más próximo a la invención,
- determinar las diferencias técnicas entre la invención y el estado de la técnica más próximo,
- evaluar el efecto técnico conseguido por la invención reivindicada derivado de dichas diferencias,

- establecer el problema técnico objetivo a resolver a la vista del estado de la técnica más próximo, y
- examinar si hubiese sido obvio para el experto en la materia, a la vista del estado de la técnica, plantear la invención.

En la decisión de la cámara técnica de la EPO T154/04 se plantea la cuestión de si un algoritmo similar al empleado den la invención tiene carácter técnico, concluyendo que no. Sin embargo, en la decisión T531/04, por el contrario, en un caso muy similar a este, si se concluye que presenta carácter técnico.

Asumiendo que el algoritomo presenta carácter técnico, habría que evaluar si el experto en la materia, conociendo los marcadores biológicos empleados en la invención (con el mismo fin), podría haber llegado, por un método de rutina (trial and error, etc.), a la solución de la invención. Es decir, en definitiva, si la invención tiene actividad inventiva.

En nuestra opinión, la consideración de si el experto en la materia puede llegar fácilmente al algoritmo de la invención es argumentable. Por tanto, aunque con toda seguridad van a surgir problemas en la tramitación de la patente, consideramos que la actividad inventiva sería, al menos, argumentable.

8. Conclusión

En general, y teniendo en cuenta los documentos analizados y las características técnicas del objeto del presente informe, entendemos que la solicitud de una patente dirigida a un método de obtención de datos útiles para clasificar a los pacientes con hepatitis crónica c genotipo 1 en respondedores o no respondedores a una determinada terapia, que emplee los marcadores biológicos de la invención para obtener un índice según el algoritmo de la invención, sería nuevo y podría tener actividad inventiva

Por tanto, considerando los documentos aportados por los investigadores y los documentos localizados, recomendamos la protección del objeto de la invención mediante solicitud de patente.

Sin embargo, consideramos que la actividad inventiva de la presente invención es débil, y que existen elevadas probabilidades de que surjan problemas durante la tramitación de la patente.

9.- Respecto a la titularidad

El investigador Fernando Manuel Jiménez Macías tiene registrado como titular en el registro de Propiedad Intelectual, con nº de expediente H-11-13 y fecha de presentación 22 de Enero de 2013, las "Escalas Onuba". Esto no se ajusta a la legislación vigente en cuanto a la titularidad. Aunque entendemos que el autor lo ha realizado sin intención particular alguna, debe tener en cuenta lo dispuesto en el Artículo 55 de la Ley 16/2007 de 21 de diciembre, de Ciencia y Conocimiento de la Comunidad Autónoma Andaluza:

Artículo 55. Titularidad

1. Los resultados de las actividades de investigación, desarrollo e innovación llevadas a cabo por personal de los centros e instalaciones pertenecientes al ámbito del Sector Público Andaluz, o que desempeñe actividad investigadora en los mismos o a través de redes, así como los correspondientes derechos de propiedad industrial,

Oficina de Transferencia de Tecnología
Sistema Sanitario Público de Andalucía

pertenecerán, como invenciones laborales y de acuerdo con el Título IV de la Ley 11/1986, de 20 de marzo, de Patentes de Invención y Modelos de Utilidad, a la Administración, institución o ente que ostente su titularidad.

2. De igual manera, y en lo que respecta a los derechos de explotación relativos a la propiedad intelectual, corresponderán a la Administración, institución o ente que ostente la titularidad del centro o instalación en el que se haya desarrollado la actividad que lo genera, en virtud del artículo 51 del Real Decreto Legislativo 1/1996, de 12 de abril, por el que se aprueba el Texto Refundido de la Ley de Propiedad Intelectual.

3. Lo dispuesto en los puntos 1 y 2 del presente artículo será de aplicación sin perjuicio de los derechos reconocidos a otras entidades legalmente o mediante los contratos, convenios o conciertos por los que se rijan las actividades de investigación, desarrollo e innovación.

4. A tal efecto, los convenios que se suscriban en relación con un proyecto de investigación y desarrollo e innovación entre las Administraciones Públicas andaluzas y las otras entidades y organismos del Sector Público Andaluz, y otras entidades de Derecho Público o Privado, regularán la atribución de la titularidad y protección de los resultados que pudiera generar el proyecto.

Además, se puede encontrar más información sobre la legislación que regula la titularidad de una invención en la Ley 11/1986 de 20 de marzo, de patentes de invención y modelos de utilidad:

Artículo 15.

1. Las invenciones, realizadas por el trabajador durante la vigencia de su contrato o relación de trabajo o de servicios con la empresa, que sean fruto de una actividad de investigación explícita o implícitamente constitutiva del objeto de su contrato, pertenecen al empresario.

2. El trabajador, autor de la invención, no tendrá derecho a una remuneración suplementaria por su realización, excepto si su aportación personal a la invención y la importancia de la misma para la empresa exceden de manera evidente del contenido explícito o implícito de su contrato o relación de trabajo.

9. Limitaciones del informe

El informe se ha desarrollado a partir de los documentos localizados en la búsqueda realizada en las bases de datos citadas anteriormente. Por tanto, es posible la existencia de otros documentos más próximos a la invención que no hayan sido localizados en dicha búsqueda. Además podría existir alguna solicitud de patente que aún no haya sido publicada y que por tanto, no sea accesible al público en general. En estos casos, dichos documentos podrían afectar a la patentabilidad de la invención, la novedad y/o la actividad inventiva. Así, la aparición de esos documentos podrían alterar las conclusiones presentadas en el presente informe sobre la patentabilidad de la misma.

Por otro lado, el informe se basa en nuestra opinión, que puede no coincidir con la de las personas encargadas de determinar, durante la tramitación, la validez de la solicitud de patente. Además, los aspectos inventivos estudiados pueden no coincidir con la opinión del inventor/es. En este caso, cualquier comentario, observación o información nueva al respecto será tenida en cuenta, y se podrá re-evaluar la informacion, pudiendo variar la opinión sobre la patentabilidad de la invención.

10. Anexo

LEGISLACIÓN ESPAÑOLA

Artículo 4.

1. Son patentables las invenciones nuevas, que impliquen actividad inventiva y sean susceptibles de aplicación industrial, aún cuando tengan por objeto un producto que esté compuesto o que contenga materia biológica, o un procedimiento mediante el cual se produzca, transforme o utilice materia biológica.

2. La materia biológica aislada de su entorno natural o producida por medio de un procedimiento técnico podrá ser objeto de una invención, aun cuando ya exista anteriormente en estado natural.

3. A los efectos de la presente Ley, se entenderá por "materia biológica" la materia que contenga información genética autorreproducible o reproducible en un sistema biológico y por "procedimiento microbiológico", cualquier procedimiento que utilice una materia microbiológica, que incluya una intervención sobre la misma o que produzca una materia microbiológica.

4. No se considerarán invenciones en el sentido de los apartados anteriores, en particular:

a) Los descubrimientos, las teorías científicas y los métodos matemáticos.

b) Las obras literarias, artísticas o cualquier otra creación estética, así como las obras científicas.

c) Los planes, reglas y métodos para el ejercicio de actividades intelectuales, para juegos o para actividades económico-comerciales, así como los programas de ordenadores.

d) Las formas de presentar informaciones.

5. Lo dispuesto en el apartado anterior excluye la patentabilidad de las invenciones mencionadas en el mismo solamente en la medida en que el objeto para el que la patente se solicita comprenda una de ellas.

6. No se considerarán como invenciones susceptibles de aplicación industrial en el sentido del apartado 1, los métodos de tratamiento quirúrgico o terapéutico del cuerpo humano o animal ni los métodos de diagnóstico aplicados al cuerpo humano o animal. Esta disposición no será aplicable a los productos, especialmente a las sustancias o composiciones ni a las invenciones de aparatos o instrumentos para la puesta en práctica de tales métodos.

(Afectado por Ley 10/2002, de 29 de Abril, por la que se modifica la Ley 11/1986, de 20 de Marzo, de Patentes, para la incorporación al derecho español de la directiva 98/44/CE, del Parlamento Europeo y del Consejo, de 6 de Julio, relativa a la protección jurídica de las invenciones biotecnológicas).

Artículo 5. No podrán ser objeto de patente:

1. Las invenciones cuya explotación comercial sea contraria al orden público o a las buenas costumbres, sin poderse considerar como tal a la explotación de una invención por el mero hecho de que esté prohibida por una disposición legal o reglamentaria. En particular, no se considerarán patentables en virtud de lo dispuesto en el párrafo anterior:

a) Los procedimientos de clonación de seres humanos.

b) Los procedimientos de modificación de la identidad genética germinal del ser humano.

c) Las utilizaciones de embriones humanos con fines industriales o comerciales.

d) Los procedimientos de modificación de la identidad genética de los animales que supongan para éstos sufrimientos sin utilidad médica o veterinaria sustancial para el hombre o el animal, y los animales resultantes de tales procedimientos.

Oficina de Transferencia de Tecnología
Sistema Sanitario Público de Andalucía

2. Las variedades vegetales y las razas animales. Serán, sin embargo, patentables las invenciones que tengan por objeto vegetales o animales si la viabilidad técnica de la invención no se limita a una variedad vegetal o a una raza animal determinada.

3. Los procedimientos esencialmente biológicos de obtención de vegetales o de animales. A estos efectos se considerarán esencialmente biológicos aquellos procedimientos que consistan integramente en fenómenos naturales como el cruce o la selección. Lo dispuesto en el párrafo anterior no afectará a la patentabilidad de las invenciones cuyo objeto sea un procedimiento microbiológico o cualquier otro procedimiento técnico o un producto obtenido por dichos procedimientos.

4. El cuerpo humano, en los diferentes estadios de su constitución y desarrollo, así como el simple descubrimiento de uno de sus elementos, incluida la secuencia o la secuencia parcial de un gen. Sin embargo, un elemento aislado del cuerpo humano u obtenido de otro modo mediante un procedimiento técnico, incluida la secuencia total o parcial de un gen, podrá considerarse como una invención patentable, aún en el caso de que la estructura de dicho elemento sea idéntica a la de un elemento natural. La aplicación industrial de una secuencia total o parcial de un gen deberá figurar explícitamente en la solicitud de patente.

(Afectado por Ley 10/2002, de 29 de Abril, por la que se modifica la Ley 11/1986, de 20 de Marzo, de Patentes, para la incorporación al derecho español de la directiva 98/44/CE, del Parlamento Europeo y del Consejo, de 6 de Julio, relativa a la protección jurídica de las invenciones biotecnológicas).

LEGISLACIÓN EUROPEA

Article 54
Novelty
(1) An invention shall be considered to be new if it does not form part of the state of the art.

(2) The state of the art shall be held to comprise everything made available to the public by means of a written or oral description, by use, or in any other way, before the date of filing of the European patent application.

(3) Additionally, the content of European patent applications as filed, of which the dates of filing are prior to the date referred to in paragraph 2 and which were published under Article 93 on or after that date, shall be considered as comprised in the state of the art.

(4) Paragraph 3 shall be applied only in so far as a Contracting State designated in respect of the later applicationn, was also designated in respect of the earlier application as published.

(5) The provisions of paragraphs 1 to 4 shall not exclude the patentability of any substance or composition, comprised in the state of the art, for use in a method referred to in Article 52, paragraph 4, provided that its use for any method referred to in that paragraph is not comprised in the state of the art.

Article 56
Inventive step

An invention shall be considered as involving an inventive step if, having regard to the state of the art, it is not obvious to a person skilled in the art. If the state of the art also includes documents within the meaning of Article 54, paragraph 3, these documents are not to be considered in deciding whether there has been an inventive step.

"Método de obtención de datos útiles para predecir o pronosticar la respuesta al tratamiento con biterapia estándar (interferón pegilado + ribavirina) en pacientes con hepatitis crónica C genotipo 1 (HCC-G1).

CAMPO DE LA INVENCIÓN

La presente invención se encuentra dentro del campo de la biomedicina y la biotecnología, y se refiere a un método de obtención de datos útiles para predecir o pronosticar la respuesta al tratamiento con interferón pegilado más ribavirina en pacientes con hepatitis crónica C genotipo 1 (HCC-G1), combinando varios predictores: los niveles de IP-10, cortisol basales, polimorfismo genético de la Interleucina 28B (IL28B), aclaramiento de la creatina, 2 cargas virales (RNA-VHC) y 5 determinaciones de las lipoproteínas: LDL-colesterol, HDL-colesterol y triglicéridos.

ESTADO DE LA TÉCNICA

A principios del 2012 fue aprobada en nuestro país el empleo de los nuevos antivirales de acción directa (AAD): Boceprevir (Victrelis, MSD) y Telaprevir (Incivo,

Janssen-Cilag) en asociación con la biterapia estándar (interferón pegilado + Ribavirina), la cual incrementaba las tasas de curación tanto en pacientes naive (no tratados previamente) como en pacientes no respondedores a terapias previas (recidivantes o relapsers, parciales y nulos o refractarios) en aproximadamente un 25-30 % adicional respecto a la biterapia estándar, tal como se pone de manifiesto en los estudios realizados en pacientes naive (SPRINT-2 y ADVANCE), como en previamente tratados (RESPOND-2 y REALIZE).

El inconveniente que tiene la incorporación de estos fármacos radica en que han sido incorporados en un momento delicado de grave crisis económica global, que obliga a una gestión eficiente de los recursos sanitarios en terapias de alto coste como éstas. Además estos nuevos antivirales son responsables de una mayor tasa de anemia secundaria (que en algunas series puede afectar al 50% de los casos tratados, lo que va a incrementar, a su vez, los costes derivados del uso de Epoetina alfa y un mayor consumo de hemoderivados (mayor necesidad de transfusiones sanguíneas). Además aparecen interacciones farmacológicas y resistencias con el empleo de estos nuevos fármacos que antes no existían cuando usamos la biterapia. Se ha demostrado con los nuevos antivirales unas mejores de tasas de curación en pacientes portadores del genotipo viral 1b cuando los comparamos con los pacientes portadores de genotipos 1a, los cuales son más difíciles de curar con la triple terapia.

Patrones cinéticos virales como la presencia de respuesta virológica rápida (RVR) en los pacientes con genotipo 1 tratados con biterapia antiviral, que aparece en un 8-15%, así como la presencia de la respuesta virológica rápida extendida (RVRe) en pacientes con genotipo 1 tratados con Telaprevir , que son aquellos que logran alcanzar una viremia indetectable tanto a la 4ª como a la 12ª semana, como aquellos que al ser tratados con Boceprevir consiguen alcanzar una viremia indetectable tanto en la semana 8ª como en la 24ª, que es conocido como "respondedor precoz", son respuesta cinéticas que están asociadas a unas tasas de curación virológica o respuesta virológica sostenida (RVS) muy altas, generalmente superiores al 90 %, de forma que en pacientes tratados con biterapia que alcanzan la RVR, el añadir un AAD no aporta ningún beneficio terapeútico, alcanzando, por tanto, una tasa de curación similares, independientemente de que se use la biterapia estándar o la triple terapia.

El polimorfismo genético de la interleucina 28b (IL-28B) fue descubierto en 2009 (Ge *et al.*, 2009. *Nature, 461*(7262), 399-401).como potente predictor de la respuesta a la terapia antiviral en pacientes naive diagnosticados de hepatitis crónica C (HCC), demostrando que los pacientes que tenían un genotipo favorable (CC) se curaban de forma estadísticamente significativa mayor (80%) que aquellos que tenían un genotipo desfavorable de la IL-28B (CT: 40% y TT: 35%).

Estudios previos habían usado dosis mayores de interferón pegilado durante 12 semanas para valorar si alcanzaban mayores tasas de curación, demostrándose que ésto no aportaba beneficio, pero sí observaron que la reducción de la viremia respecto a la carga viral basal (CVB) era dosis-dependiente. Partiendo del hecho que el interferón pegilado alfa-2a alcanzaba sus mayores concentraciones plasmáticas a las 72 horas de haber recibido la 1ª dosis de dicho fármaco y que sus efectos desaparecen al 7° día de terapia, partimos de la hipótesis que una dosis de inducción de interferón pegilado (360 μg) podría ser empleada para poner de manifiesto la sensibilidad viral al interferón exógeno durante la 1ª semana de terapia, en función de la reducción virémica alcanzada en 2 momentos distintos: 72 horas y 1ª semana de terapia.

La máxima reducción de la viremia alcanzada, bien a las 72 horas o al alcanzar la 1ª semana de terapia, conocida como "RV1", podría reflejar el grado de sensibilidad viral al interferón pegilado, lo que podría ser empleado en nuestro modelo predictivo para predecir las tasas de RVS. Probablemente los pacientes más difíciles de curar (aquellos con mayor fibrosis hepática: METAVIR F4 o portadores de una cirrosis hepática), así como aquellos con mayor carga viral basal (> 850000 UI/ml), para alcanzar la curación virológica vayan a precisar durante la primera semana de terapia antiviral una reducciones mayores de la viremia respecto a la carga viral basal que aquellos sujetos portadores de un grado de fibrosis más baja (F0-F3) o inicien la terapia antiviral con una carga viral basal más baja (<850000 UI/ml).

Variables como IP-10 elevada (quimioquina que se libera en procesos inflamatorios, que se ha asociado a la primera fase de reducción virémica correspondiente a la 1ª semana de terapia antiviral) ha sido asociada a menores tasas de curación. Por otra parte, partiendo del hecho de que la Ribavirina, como antiviral empleado en ambos regimenes terapeúticos (dual y triple), presenta una aclaramiento renal,

Lindahl elaboró una fórmula para un ajuste pretratamiento personalizado de la dosis de Ribavirina, lo que permitiría una mejor optimización de la dosis diaria de dicho fármaco, dependiendo del grado de aclaramiento de Creatinina y de Ribavirina.

Esto es algo que no se ha tenido en cuenta en la práctica clínica, pese a que es un fármaco hoy por hoy totalmente indispensable, independientemente del régimen terapeútico antiviral empleado (dual o triple terapia antiviral). También la resistencia insulínica se ha asociado a bajas tasas de curación (valores de HOMA-IR elevados). Se han publicado estudios en que la asociación de las variables IP-10 y el polimorfismo genético de la IL-28B ha generado modelos predictivos no basado en scores como los que se emplean en la presente invención, que mejoraba su poder pronóstico……..".

No continuo exponiendo lo que ha sido la patente pues es un documento largo y extenso que haría muy poco manejable el documento, y sobre todo, porque la patente no es la base de esta obra, sino una de las posibilidades que tiene cualquier trabajo de investigación, al igual como culminarlo con una tesis doctoral.

Finalmente te expongo la instancia registrada de la patente en la Oficina Española de Patentes y Marcas.

MINISTERIO
DE INDUSTRIA, TURISMO
Y COMERCIO

Oficina Española
de Patentes y Marcas

Justificante de presentación electrónica de solicitud de patente

Este documento es un justificante de que se ha recibido una solicitud española de patente por vía electrónica, utilizando la conexión segura de la O.E.P.M. Asimismo, se le ha asignado de forma automática un número de solicitud y una fecha de recepción, conforme al artículo 14.3 del Reglamento para la ejecución de la Ley 11/1986, de 20 de marzo, de Patentes. La fecha de presentación de la solicitud de acuerdo con el art. 22 de la Ley de Patentes, le será comunicada posteriormente.

Número de solicitud:	P201330522	
Fecha de recepción:	12 abril 2013, 15:47 (CEST)	
Oficina receptora:	OEPM Madrid	
Su referencia:	P-06315	
Solicitante:	SERVICIO ANDALUZ DE SALUD	
Número de solicitantes:	2	
País:	ES	
Título:	Método de obtención de datos útiles para predecir o pronosticar la respuesta al tratamiento con biterapia estándar (interferón pegilado + ribavirina) en pacientes con hepatitis crónica C genotipo 1 (HCC-G1)	
Documentos enviados:	Descripcion.pdf (37 p.)	package-data.xml
	Reivindicaciones.pdf (5 p.)	es-request.xml
	Resumen-1.pdf (1 p.)	application-body.xml
	Dibujos-1.pdf (4 p.)	es-fee-sheet.xml
	OLF-ARCHIVE.zip	feesheet.pdf
	FEERCPT-1.PDF (1 p.)	request.pdf
	SEQLPDF.pdf (1 p.)	
	SEQLTXT.txt	
Enviados por:	CN=M. Illescas 12612,O=Gonzalez-Bueno & Illescas,C=ES	
Fecha y hora de recepción:	12 abril 2013, 15:47 (CEST)	
Codificación del envío:	A4:E4:BA:5F:CA:55:D0:7F:7A:A8:BA:3A:C6:66:D5:4C:44:B9:61:F7	

/Madrid, Oficina Receptora/

MINISTERIO DE INDUSTRIA, TURISMO Y COMERCIO

Oficina Española de Patentes y Marcas

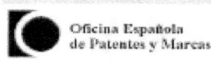

(1) MODALIDAD:	
PATENTE DE INVENCIÓN	[✓]
MODELO DE UTILIDAD	[ ]
(2) TIPO DE SOLICITUD:	
PRIMERA PRESENTACIÓN	[✓]
ADICIÓN A LA PATENTE EUROPEA	[ ]
ADICIÓN A LA PATENTE ESPAÑOLA	[ ]
SOLICITUD DIVISIONAL	[ ]
CAMBIO DE MODALIDAD	[ ]
TRANSFORMACIÓN SOLICITUD PATENTE EUROPEA	[ ]
PCT: ENTRADA FASE NACIONAL	[ ]
(3) EXP. PRINCIPAL O DE ORIGEN:	
MODALIDAD:	
N.º SOLICITUD:	
FECHA SOLICITUD:	
4) LUGAR DE PRESENTACIÓN:	OEPM, Presentación Electrónica
(5) DIRECCIÓN ELECTRÓNICA HABILITADA (DEH):	
(6-1) SOLICITANTE 1:	
DENOMINACIÓN SOCIAL:	SERVICIO ANDALUZ DE SALUD
NACIONALIDAD:	España
CÓDIGO PAÍS:	ES
DNI/CIF/PASAPORTE:	Q9150013B
CNAE:	
PYME:	
DOMICILIO:	Avda. de la Constitución, 18
LOCALIDAD:	Sevilla
PROVINCIA:	41 Sevilla
CÓDIGO POSTAL:	41071
PAÍS RESIDENCIA:	España
CÓDIGO PAÍS:	ES
TELÉFONO:	
FAX:	
PERSONA DE CONTACTO:	
MODO DE OBTENCIÓN DEL DERECHO:	
INVENCIÓN LABORAL:	[✓]
CONTRATO:	[ ]
SUCESIÓN:	[ ]
(6-2) SOLICITANTE 2:	
DENOMINACIÓN SOCIAL:	UNIVERSIDAD DE HUELVA
NACIONALIDAD:	España
CÓDIGO PAÍS:	ES
DNI/CIF/PASAPORTE:	Q7150008F
CNAE:	
PYME:	
DOMICILIO:	Dr. Cantero Cuadrado, 6
LOCALIDAD:	Huelva
PROVINCIA:	21 Huelva
CÓDIGO POSTAL:	21071
PAÍS RESIDENCIA:	España
CÓDIGO PAÍS:	ES
TELÉFONO:	
FAX:	
PERSONA DE CONTACTO:	
MODO DE OBTENCIÓN DEL DERECHO:	

INVENCIÓN LABORAL: CONTRATO: SUCESIÓN:	[✓] [ ] [ ]
(7-1) INVENTOR 1: APELLIDOS: NOMBRE: NACIONALIDAD: CÓDIGO PAÍS: DNI/PASAPORTE:	 Jiménez Macías Fernando Manuel España ES 28916065-M
(7-2) INVENTOR 2: APELLIDOS: NOMBRE: NACIONALIDAD: CÓDIGO PAÍS: DNI/PASAPORTE:	 Ramos Lora Manuel España ES 28573432-A
(7-3) INVENTOR 3: APELLIDOS: NOMBRE: NACIONALIDAD: CÓDIGO PAÍS: DNI/PASAPORTE:	 Salinas Martín Manuel Vicente España ES 28888611-J
(7-4) INVENTOR 4: APELLIDOS: NOMBRE: NACIONALIDAD: CÓDIGO PAÍS: DNI/PASAPORTE:	 Pujol de La Llave Emilio España ES 28573432-A
(7-5) INVENTOR 5: APELLIDOS: NOMBRE: NACIONALIDAD: CÓDIGO PAÍS: DNI/PASAPORTE:	 Ruiz Frutos Carlos España ES 28455328-G
(8) TÍTULO DE LA INVENCIÓN:	Método de obtención de datos útiles para predecir o pronosticar la respuesta al tratamiento con biterapia estándar (interferón pegilado + ribavirina) en pacientes con hepatitis crónica C genotipo 1 (HCC-G1)
(9) PETICION DE INFORME SOBRE EL ESTADO DE LA TECNICA: SI NO	 [ ] [✓]
(10) SOLICITA LA INCLUSION EN EL PROCEDIMIENTO ACELERADO DE CONCESION SI NO	 [ ] [✓]
(11) EFECTUADO DEPOSITO DE MATERIA BIOLOGICA: SI NO	 [ ] [✓]
(12) DEPÓSITO: REFERENCIA DE IDENTIFICACIÓN: INSTITUCIÓN DE DEPÓSITO: NÚMERO DE DEPÓSITO: ACCESIBILIDAD RESTRINGIDA A UN EXPERTO (ART. 45.1. B):	
(13) DECLARACIONES RELATIVAS A LA LISTA DE SECUENCIAS: LA LISTA DE SECUENCIAS NO VA MAS ALLA DEL CONTENIDO DE LA SOLICITUD LA LISTA DE SECUENCIAS EN FORMATO PDF Y ASCII SON IDENTICOS	 [✓] [✓]
(14) EXPOSICIONES OFICIALES: LUGAR:	

FECHA:	
(15) DECLARACIONES DE PRIORIDAD: PAÍS DE ORIGEN: CÓDIGO PAÍS: NÚMERO: FECHA:	
(16) AGENTE/REPRESENTANTE: APELLIDOS: NOMBRE: CÓDIGO DE AGENTE: NACIONALIDAD: CÓDIGO PAÍS: DNI/CIF/PASAPORTE: DOMICILIO: LOCALIDAD: PROVINCIA: CÓDIGO POSTAL: PAÍS RESIDENCIA: CÓDIGO PAÍS: TELÉFONO: FAX: CORREO ELECTRÓNICO: NÚMERO DE PODER:	 Illescas Taboada Manuel 0897/4 España ES 05201779-F C/ Recoletos, 13 5º Izda Madrid 28_Madrid 28001 España ES 91 7011605 91 5216514 manuel.illescas@gonzalezbuenoillescas.com
(17) RELACIÓN DE DOCUMENTOS QUE SE ACOMPAÑAN: DESCRIPCIÓN: REIVINDICACIONES: DIBUJOS: RESUMEN: FIGURA(S) A PUBLICAR CON EL RESUMEN: ARCHIVO DE PRECONVERSION: DOCUMENTO DE REPRESENTACIÓN: JUSTIFICANTE DE PAGO (1): LISTA DE SECUENCIAS PDF: ARCHIVO PARA LA BUSQUEDA DE LS: OTROS (Aparecerán detallados):	 [✓] N.º de páginas: 37 [✓] N.º de reivindicaciones: 20 [✓] N.º de dibujos: 4 [✓] N.º de páginas: 1 [ ] N.º de figura(s): [✓] [ ] N.º de páginas: [✓] N.º de páginas: 1 [✓] N.º de páginas: 1 [✓]
(18) EL SOLICITANTE SE ACOGE AL APLAZAMIENTO DE PAGO DE TASA PREVISTO EN EL ART. 162 DE LA LEY 11/1986 DE PATENTES, DECLARA: BAJO JURAMIENTO O PROMESA SER CIERTOS TODOS LOS DATOS QUE FIGURAN EN LA DOCUMENTACIÓN ADJUNTA: DOC COPIA DNI: DOC COPIA DECLARACIÓN DE CARENCIA DE MEDIOS: DOC COPIA CERTIFICACIÓN DE HABERES: DOC COPIA ÚLTIMA DECLARACIÓN DE LA RENTA: DOC COPIA LIBRO DE FAMILIA: DOC COPIA OTROS:	[ ] [ ] N.º de páginas: [ ] N.º de páginas: [ ] N.º de páginas: [ ] N.º de páginas: [ ] N.º de páginas: [ ] N.º de páginas:
(19) NOTAS:	
(20) FIRMA: FIRMA DEL SOLICITANTE O REPRESENTANTE: LUGAR DE FIRMA: FECHA DE FIRMA:	 ES, Gonzalez-Bueno & Illescas, M. Illescas 12612 Madrid 12 Abril 2013

Capítulo 6: Publicación de tus resultados en revistas científicas

Además de tu tesis doctoral, no hay cosa mejor que culminar la difusión de tus resultados, publicándolos en una/s revistas científicas relacionadas con tu especialidad.

Es muy importante no demorar demasiado las publicaciones en revistas, pues si te ocurre eso, podrían perder interés tus resultados para la editorial de la revista, así como para la comunidad científica, especialmente sobre temas que pueden cambiar en poco tiempo, como fue el caso de mi tesis doctoral, donde desde que inicié el trabajo de investigación hasta que intenté publicarlo había ya cambiado el "gold standard" considerado como tratamiento antiviral actual para la hepatitis crónica por virus de la hepatitis C. Mi trabajo versaba sobre una combinación terapeútica (biterapia), y cuando los communiqué esta terapia ya se había quedado anticuada, y ya no era un tema que tenía ciertas dificultades para publicarlos, especialmente en revistas internacionales.

Si dominas el ingles correctamente o dispones de financiación para que un medical writer te realice una buena traducción de tu manuscrito, es una buena opción para intentar publicar tus resultados en revistas internacionales. En mi caso, yo intenté publicar varios manuscritos en ingles, usando un medica writer o traductor experto en manuscritos medicos, como fueron "Hepatology", "Journal of

Hepatology", "Journal of viral hepatitis", que eran revistas internacionales con alto factor impacto, y desafortunadamente, no me los aceptaron. No te debes de desilusionar cuando recibas que no te lo aceptan. Es algo complicado, que tiene su metodología específica, y sería un auténtico éxito que lo consiguieras en los primeros intentos.

Es muy bueno que tus directores de tesis o bien, gente con experiencia en publicaciones médicas te puedan asesorar para poder llevar a cabo la publicación en alguna revista científica.

Por cuestiones de copyright, no te expongo la el manuscrito que finalmente conseguí que me publicaran en una revista científica nacional "Medicina Clínica", siendo publicada en Diciembre del 2013 sobre la cinética lipídica del virus de la hepatitis C.

Como podrás observer, cada revista tiene unas normas de publicación que pueden variar de manera significativa una respecto a las demás. De las partes que más varian te puedo destacar, el tamaño del título, el número de autores que dejan incluir, el abstrab o sumario, y las referencias bibligráficas.

En cuanto al título intenta que no sea excesivamente largo, sino más bien, corto, que resuma bien o destaque lo más reseñable de tu manuscrito. Por otra parte, intenta que sea generico y no especifico. Sería mejor que dijeras" modelo predictivo de respuesta antiviral para pacientes con hepatitis C", que poner "Escala Onuba: modelo predictivo para valorar la respuesta al tratamiento antiviral en pacientes con hepatitis crónica por virus de la hepatitis C". Como ves está mal haberle puesto un nombre que no va ayudar a que el lector pueda mostrar interés en leerlo y es demasiado largo.

En cuanto al sumario o abstrab, ten en cuenta que no todas las revistas científicas tienen la misma estructura. En algunas se comienza por "introducción" y en otras por "objetivos". Después, suele ir seguido por "material y métodos". En otras ponen, "materiales y métodos". Posteriormente, "resultados" y finalmente "conclusiones". Es conveniente que hagas una traducción al ingles de tu sumario. Observarás que hay revistas que este sumario debe tener un máximo de palabras. Generalmente te exigen, o bien 200 pálabras o 250 pálabras. Esto es algo estricto.

En cuanto al número de autores, te recomiendo que incluyas como mucho 6. Si existieran más es preferible que los pongas en agradecimientos.

Ya, entonces pasamos al apartado de "Introducción". Este debemos considerarlo un apartado del manuscrito no relevante, por lo que debes basarte en un descripción actual de la situación en que se encuentra el tema que tratas. Deberás haber hecho una buena búsqueda bibliográfica en Pubmed e ir enumerandolas en el apartado de referencias bibliográficas. La intruducción debes culminarla con los objetivos principales de tu estudio.

El apartado siguiente es el de "Materiales y Métodos", el cual debe incluir tipo de estudio "estudio prospective, aleatorizado, a doble ciego, internacional", por ejemplo. Después hablar sobre población estudiada con sus criterios de inclusion y exclusion. Puedes incluir si quieres, un diagram de flujo de los pacientes incluidos en el estudio. Hacer referencia a las diferentes variables que incluiste: variable cualitativas (sexo, grado de esteatosis o fibrosis), o cuantitativas (edad, niveles plasmáticas de triglicéridos o concentraciones plasmáticas de Ribavirina, etc). También deberás incluir el "análisis estadístico", donde tendrás que especificar el tamaño muestral mínimo y como se calculó, además de los test estadísticos has empleado para obtener tus resultados.

Ya te lo comenté en otros capítulos previos: es recomendable que antes de diseñar tu proyecto, comentes el caso con el estadístico del hospital, generalmente vinculado a la Fundación de Investigación de tu centro. En mi caso, fue la fundación FABIS, que nos asesoró en nuestro estudio de forma fantástica en cuanto a aspectos estadísticos y en asesorarte en el cálculo del mínimo tamaño muestral, una vez tengas claro como deseas que sea el diseño de tu estudio.

Tras material y métodos, viene el apartado de "Resultados", donde comenzarás con los resultados descriptivo de tu estudio, edad media de tus pacientes (media de edad $\pm$ desviación estándar) o bien (mediana $\pm$ rango intercuartílico), dependiendo de la distribución o tendencia de dicha variable (distribución normal o no). Para saberlo, usarás el test de Kolmogorov. Otras variables, sexo, grado de fibrosis, grado de esteatosis, niveles de hemoglobin, etc. En nuestro caso, regression logística univariante primero y después regresión logística multivariante. Para la elaboración de los puntos de corte que empleé para el diseño de mi escala predictiva utilicé las curvas ROC, en función de la tasa de Sensibilidad y especificad que deseaba tener para cada escala predictive.

Y finalmente trataremos la "discussion", en la cual volvemos a tener referencias bibliográficas, pues se comienza destacando los aspectos más relevantes obtenidos en tu estudio. Tendrás que compararlo y relacionarlos con otras publicaciones similares publicadas en otras revistas en periodos previos. Esto es discussion, por lo que tendrás que establecer los argumentos que son comunes a tu estudio y cuales son novedosos y no ha sido publicados aún. Tras destacar los aspectos más relevantes, tendrás que establecer si has cumplido tus objetivos y cuales eran mejorables. Tendrás que hacer mención sobre aspectos como la potencial utilidad clínica para tu estudio (validez interna y externa), las limitaciones del mismo, con los posibles aspectos que no pudieron cubrirse en tu estudio. Tendrás que ir enumerando las referencias bibliográficas, de igual forma como te indicaba que tenías que hacer en el apartado de "introducción".

En algunos manuscritos después de discussion, hay autores que ponen aspectos éticos de tu manuscrito: que seguía las directrices de la Declaración de Helsinki, que se cumplió los requisitos del Comité Ético de Investigación de tu centro y los regionales. También es importante especificar que tus pacientes incluidos en el estudio firmaron el consentimiento informado.

Suele terminarse con el apartado de "agradecimientos". Como te decía anteriormente, aquí puedes poner con nombre y apellidos, el resto de miembros que quieras hacer mención y que hayan participado en tu estudio.

Finalmente, establece por orden cronológico de aparición en tu manuscrito, las referencias bibliográficas que hayas empleado. Debes incluir referencias que como muy antiguas deben ser de 10 años previos al año de publicación de tu manuscrito. Tendrás que seguir las normas de Vancouver, que siguen la siguiente estructura: 6 autores. Si hay más de 6 autores, se pone coma y seguida de “et al”. Seguido el título completo del manuscrito al que haces referencias; seguido de punto y coma, incluyendo el volumen y seguido de 2 puntos, especificando las páginas que fueron empleadas: autor1, autor2, autor3, autor4, autor5, autor6, et al. Título completo del manuscrito año; volumen: página a página final.

Apéndice: 1ª Parte de tesis doctoral

Universidad de Huelva

Departamento de Biología Ambiental y Salud Pública

Análisis de las características basales y cinéticas viro-lipídicas durante las primeras semanas de terapia antiviral dual en pacientes con hepatitis crónica C genotipo 1: diseño de un modelo predictivo costo-eficiente para la detección muy precoz de pacientes que no van a responder a la biterapia antiviral

Memoria para optar al grado de doctor
presentada por:

Fernando Manuel Jiménez Macías

Fecha de lectura: Septiembre de 2014

Bajo la dirección de los doctores:

Carlos Ruíz Frutos
Emilio Pujol de la Llave

Huelva, 2014

Tesis Doctoral

Análisis de las características basales y cinéticas viro-lipídicas durante las primeras semanas de terapia antiviral dual en pacientes con hepatitis crónica C genotipo 1: diseño de un modelo predictivo costo-eficiente para la detección muy precoz de pacientes que no van a responder a la biterapia antiviral

DEPARTAMENTO DE BIOLOGÍA AMBIENTAL Y SALUD PÚBLICA

Fernando Manuel Jiménez Macías

2014

Universidad de Huelva

Universidad de Huelva

FACULTAD DE CIENCIAS EXPERIMENTALES

DEPARTAMENTO DE BIOLOGÍA AMBIENTAL Y SALUD PÚBLICA

UNIVERSIDAD DE HUELVA

TESIS DOCTORAL

Análisis de las características basales y cinéticas viro-lipídicas durante las primeras semanas de terapia antiviral dual en pacientes con hepatitis crónica C genotipo 1: diseño de un modelo predictivo costo-eficiente para la detección muy precoz de pacientes que no van a responder a la biterapia antiviral

Fernando Manuel Jiménez Macías

Septiembre 2014

TESIS DOCTORAL

Facultad de Ciencias Experimentales

Departamento de Biología Ambiental

Y Salud Pública

ANÁLISIS DE LAS CARACTERÍSTICAS BASALES Y CINÉTICAS VIRO-LIPÍDICAS DURANTE LAS PRIMERAS SEMANAS DE TERAPIA ANTIVIRAL DUAL EN PACIENTES CON HEPATITIS CRÓNICA C GENOTIPO 1: DISEÑO DE UN MODELO PREDICTIVO COSTO-EFICIENTE PARA LA DETECCIÓN MUY PRECOZ DE PACIENTES QUE NO VAN A RESPONDER A LA BITERAPIA ANTIVIRAL

Universidad de Huelva

Autor: **Fernando Manuel Jiménez Macías**

Directores:

- **Carlos Ruíz Frutos.**
  Profesor y Director del Departamento de Biología Ambiental y Salud Pública.
  Facultad de Ciencias Experimentales. Universidad de Huelva.
- **Emilio Pujol de la Llave.**
  Jefe de Servicio de Medicina Interna.
  Área Hospitalaria Juan Ramón Jiménez. Huelva

Septiembre 2014

Agradadecimientos

A mis directores, Carlos y Emilio, por todo lo que me enseñaron, gracias a su asesoramiento incondicional, que llevaré siempre conmigo.

A Manuel Ramos, como compañero y amigo, con el que compartí el día a día de este proyecto de investigación.

A Luís y Fátima, que de forma desinteresada coordinaron la logística de laboratorio, haciendo una realidad este proyecto.

A mis compañeros, a los médicos de familia de los centros de salud participantes, por su apoyo y colaboración.

Al personal de Fabis por fomentar y hacer más cercana una investigación de calidad a clínicos como yo.

Al personal de enfermería y auxiliar, con el que he compartido momentos que no olvidaré.

Especial agradecimiento a mi mujer Isabel María, a mis hijos Fernando e Isabel, por su incondicional apoyo, comprensión y espera a un padre y marido que ha dedicado tantas horas frente a un ordenador para hacer realidad este proyecto, prometiéndoles recompensarles en un futuro.

A mis padres, por su cariño infinito y estar siempre a mi lado cuando les necesité.

ÍNDICE DE CONTENIDOS

CAPÍTULO I

RESUMEN

CAPÍTULO I: RESUMEN

1.1. RESUMEN

Hasta el 2011 la única terapia disponible para genotipo 1 era la biterapia (interferón pegilado + Ribavirina), momento en que fueron aprobados los primeros antivirales de acción directa (AAD): Boceprevir o Telaprevir en combinación con la biterapia estándar. Éstos han incrementando las tasas de respuesta virológica sostenida y rápida (RVS y RVR): (triple terapia de 1ª generación). Además, durante el 2014 es previsible que sean aprobados otros AAD (triple terapia de 2ª generación): Simeprevir, Sofosbuvir y Faldaprevir, que han conseguido incrementar aún más las tasas de RVS, empleando regímenes más cortos.

La reducción virémica alcanzada tras la administración del interferón es dosis-dependiente y refleja el grado de sensibilidad viral al fármaco, el cual podría ser mejor evaluado, empleando una 1ª dosis de inducción de interferón pegilado. Por otro lado, el metabolismo lipídico juega también un papel relevante, asociándose cifras elevadas de LDL-colesterol basal a mayores tasas de curación. Actualmente la dosis diaria de Ribavirina se establece según el peso. Sin embargo, Lindahl et al remarcó la importancia de realizar el ajuste diario de la dosis de este fármaco en función del aclaramiento de creatinina.

HIPÓTESIS

La asociación de predictores independientes basales de respuesta asociados a factores cinéticos virológicos y lipídicos podrían ser de utilidad en el diseño de escalas predictivas en pacientes con hepatitis crónica C genotipo 1, así como la obtención de reglas de paradas, que podrían ayudar a la toma de decisiones personalizada y costo-eficiente.

OBJETIVOS DEL ESTUDIO

Objetivo General

Diseñar una nueva herramienta diagnóstica de ayuda para la toma de decisiones terapéuticas en pacientes con hepatitis crónica C genotipo 1, en base a las puntuaciones obtenidas de aplicar 3 escalas predictivas dotadas de alto valor predictivo positivo y negativo (Escala Basal, Escala Virológica y Escala Lipídica), que clasificara a nuestros pacientes en bajo, medio y alto riesgo de fracaso terapéutico a la biterapia, en función de las puntuaciones obtenidas, y el diseño de las reglas de paradas en fases muy precoces.

MATERIAL Y MÉTODOS

Estudio prospectivo, randomizado, con enmascaramiento a doble ciego, en el que se analizaron 99 pacientes HCC-1, aleatorizando una 1ª dosis enmascarada de inducción de interferón pegilado alfa-2a (40 KD) de 360 microgramos subcutáneos (Pegasys; Roche, Basel, Suiza) frente a una 1ª dosis estándar de interferón pegilado (180 mcg/sc) subcutánea (sc) + Ribavirina 1000 mg/día (si peso corporal < 75 kg) o Ribavirina 1200 mg/día (si peso $\geq$ 75 kg), seguido a partir de la 2ª semana de biterapia (interferón pegilado 180 mcg/sc/semana + Ribavirina según peso) durante 47 semanas. El objetivo era discriminar mejor aquellos sujetos más sensibles al interferón.

Los pacientes fueron asignados a uno de los 5 Niveles de Exigencia Fibro-virológica (NEF) que diseñamos, según el grado de fibrosis y carga viral basal que tuvieran y seleccionamos el punto de corte para la variable RV1 que mejor predecía la RVS en cada NEF, empleando para ello la curva COR resultante. Si la reducción virémica máxima alcanzada durante la 1ª semana de biterapia (valor RV1) era al menos igual o superior al establecido para dicho NEF, estableceríamos que había sido alcanzada la Respuesta Virológica de la Primera Semana (RVPS), asignándole una puntuación positiva en la Escala Virológica, mientras que si no la había alcanzado obtendría una puntuación negativa.

Se diseñaron también 5 Niveles de Exigencia Lipídicos (NEL), dependiendo del grado de fibrosis, CVB y la variable ratio de infectividad, a los cuales eran asignados. Aquellos sujetos que conseguían mantener una mLDLc al menos igual o superior al punto de corte establecido en dicho NEL, se consideraron habían presentado un Metabolismo Lipídico Favorable (MLF), asignándole una puntuación positiva en la Escala Lipídica, mientras que si no lo conseguía se le puntuaría negativamente.

La comparación entre grupos (presencia de RVS) y (ausencia de RVS) se realizó empleando la t de Student o la U de Mann-Whitney para variables continuas y la χ^2 (Chi-cuadrado) o Test exacto de Fisher para variables categóricas. Se consideraron estadísticamente significativas aquellas variables con valor de p menor de 0.05. Para el cálculo de la odds ratio y su intervalo de confianza (IC) al 95% se empleó un análisis de regresión logística univariante. Posteriormente se realizó un análisis de regresión logística multivariante, para ver qué variables estaban relacionadas estadísticamente con la variable RVS con un nivel de significación < 0.05. Para la selección de los puntos de corte de las variables basales estadísticamente significativas se empleó la curva COR.

RESULTADOS

Presentaron mayores tasas de curación aquellos que alcanzaron la respuesta virológica de la 1ª semana y un metabolismo lipídico favorable. La 1ª regla de parada (suma de puntuaciones de Escalas Basal y Cinética) detectó los pacientes más difíciles de curar (candidatos a terapias más potentes), mientras que la 2ª discriminaba si podían curarse sólo con biterapia (suma de las 3 escalas), generando un potencial ahorro económico de 498724 €.

El valor de RV1 (máxima reducción virémica respecto a la carga viral basal, bien al 3° o 7° día de biterapia) fue significativamente mayor en los pacientes que alcanzaron la curación, independientemente que hubiéramos empleado la dosis de inducción:(-2,06 $\pm$ 0,98 log_{10} UI/ml) frente (-0,87 $\pm$ 0,71 log_{10}): odds ratio (OR) 5,9; intervalo de confianza 95% (2,9-12,4); $p < 0,0001$.

La Respuesta Virológica de la Primera Semana estuvo presente en el 94,2 % de los respondedores y ausente en el 82,9% de los no-respondedores: OR 79,6; IC 95% (19,7-320,3); $p < 0,0001$, presentando un alto valor predictivo negativo, superior al de la respuesta virológica rápida y/o genotipo de la Interleucina 28b. Alcanzaron mayores tasas de curación aquellos pacientes con fibrosis F3-F4 que presentaron mayores concentraciones basales de LDL- colesterol, así como aquellos que consiguieron mantener durante el 1° mes de biterapia un ratio de infectividad menor de 3,2 y mayores concentraciones medias de LDL-colesterol: "curados" 100 ± 23 mg/dl versus "no curados": 89 ± 28 mg/dl; OR 1,1; IC 95% (1,0-1,2); p < 0,05, siendo más significativas estas diferencias en los genotipos IL-28B-CC (p = 0,013). Aquellos que alcanzaron la RVS presentaron mayores tasas de Metabolismo Lipídico Favorable.

En los pacientes con genotipo CT/TT de la Interleucina-28b, menor grado de fibrosis e inflamación histológica, ausencia de resistencia insulínica, mayores concentraciones plasmáticas de Ribavirina al mes de biterapia se asociaron a mayores tasas de curación.

En el análisis multivariante, un pH urinario mayor de 6 al 1° mes y un incremento del volumen corpuscular medio eritrocitario (volumen corpuscular medio mayor de 6 fentolitros) se asociaron de forma estadísticamente significativa a mayores concentraciones plasmáticas de Ribavirina.

CONCLUSIONES

Desarrollamos una herramienta diagnostica costo-eficiente para la toma de decisiones en hepatitis C. La respuesta virológica de la Primera Semana constituye un biomarcador de la sensibilidad viral al interferón, como predictor independiente de respuesta a la biterapia con elevado valor predictivo negativo.

No todos los pacientes con hepatitis crónica C genotipo 1 van a presentar durante el 1° mes de terapia una cinética lipídica favorable, siendo necesario para curarse y/o alcanzar un metabolismo lipídico favorable mantener durante este periodo unas concentraciones plasmáticas medias de LDL-colesterol mayores. Aquellos con ausencia de un metabolismo lipídico favorable podrían beneficiarse del uso de estatinas.

Los ajustes de la dosis de Ribavirina antes y durante el tratamiento antiviral deberían basarse en la monitorización del volumen corpuscular medio eritrocitario, pH urinario y fórmula de Lindahl.

1.2. SUMMARY

ANALYSIS OF BASELINE CHARACTERISTICS AND VIRO-LIPIDICAL KINETICS DURING THE FIRST WEEKS OF ANTIVIRAL DUAL THERAPY IN PATIENTS WITH CHRONIC HEPATITIS C GENOTYPE 1: DESIGN OF A COST-EFFICIENT PREDICTIVE MODEL TO DETECT VERY EARLY OF PATIENTS WITHOUT SUSTAINED VIROLOGICAL RESPONSE WITH DUAL THERAPY

Until 2011 the only therapeutic regimen for genotype 1 was dual therapy (pegylated interferón + Ribavirin), being approved the use of the first direct antiviral agents (DAA): Boceprevir or Telaprevir combined with dual therapy, increasing the rate of sustained and rapid virological responses (SVR and RVR): (first generation triple therapy). Thus, during 2014 it is possible that other DAA could be approved (Second generation triple therapy): Simeprevir, Sofosbuvir and Faldaprevir, which could increase the rate of SVR, using shorter therapies.

The reduction of viremia obtained after administration of interferon is dose-dependent and show the degree of sensitivity to this drug, which could be evaluated, using a first induction-dose of pegylated interferón in order to observe if the reduction of viremia is higher with a higher dose.

The lipid Metabolism plays an important role, having associated higher levels of LDL-cholesterol with higher rates of SVR. In the other hand, actually the daily dose of Ribavirin is dosage depend on body weight. However, Lindahl informed about the importance of making a daily adjustment of Ribavirin dosage according with Creatinine clearance.

HYPOTHESIS

Use of a combination of independent predictors of SVR associated with viral and lipid kinetics could be useful to design prognostic scales based on scores obtained from patients with chronic hepatitis C genotype 1, allowing to develop futility rules, which could help us in making-decision process in early moments of therapy (personalized and cost-efficient therapy).

AIMS

General Objective

To design a novel diagnostic tool as help for therapeutic making-decision in patients with chronic hepatitis C genotype 1, depending on scores obtained from 3 prognostic scales with high positive and negative predictive value (Baseline Scale, Virologic Scale and Lipid Scale), which would classify to our patients before beginning new antiviral regimens in patients in subjects with low, medium and high risk of treatment failure to dual therapy (Primary Endpoint).

MATERIAL & METHODS

A prospective, randomized, double-blind, placebo-controlled study that included 99 patients CHC genotype 1, who were randomized to receive a first induction-dose (FID) of pegylated interferon alfa-2a (40 KD) (360 micrograms/subcutaneous) (Pegasys; Roche, Basel, Switzerland) against a first standard dose of pegylated interferon(180 micrograms/subcutaneous) plus ribavirin (1000 mg/day, if body weight $<$ 75 kg, or ribavirin 1200 mg/day if body weight $\geq$ 75 kg), followed, after the second week, by standard bitherapy (pegylated Interferon 180 mcg/sc/week + ribavirin (weight-based), during 47 weeks more.

We considered that in order for them to achieve SVR they would need a higher maximum reduction of viral load within the first week of bitherapy (VR1 value), whether at the third or seventh day, than individuals with a lower degree of fibrosis (METAVIR F0–F3) and/or lower BVL. Once patients were assigned their LFVR, we would determine that First

Week Virological Response (FWVR) was achieved if the level of maximum reduction of viral load achieved during the first week of bitherapy (VR1 value) was equal or higher than the previously assigned LFVR.

We designed 5 Levels of Lipid Exigency, depending on the degree of liver fibrosis, baseline viremia and the value of infectivity ratio, being our patients assigned to them. We selected different cutoff points for mLDLc variable in each Level of Lipid Exigency, using the COR curve, establishing that those subjects who achieve at least the value of mLDLc variable established in that level, had a favorable lipid metabolism, and obtaining a positive score in Lipid Scale, being negative if this value was not achieved. The comparison between the groups (presence of SVR) and (absence of SVR) was performed using the Student T test, or U Mann-Whitney test for continuous variables; χ^2 (Chi square), or Fisher's exact test was used for categorical variables. Those variables with a p value < 0.05 were considered statistically significant. Odds ratio and 95% Confidence Interval (CI) were calculated by univariate logistic regression analysis. Box-plox and scatter diagram were used. Later, a multivariate logistic regression analysis was performed in order to determine which variables were statistically related to "FWVR" variable, with a significance level < 0.05.

RESULTS

Subjects who reached the First Week Virological Response and a Favorable Lipid Metabolism achieved higher rates of SVR. The first futility rule (total score obtained in Baseline Scale + Virologic Scale) allowed us to detect those patients with lower possibilities of achieving SVR (candidates to therapies with higher efficacy). The second futility rule defined if a patient could be cured only with dual therapy (total score of three scales), generating a potential saving cost of 498724 €.

The value of VR1 was statistically higher in patients with SVR, without taking in consideration whether a FID was given or not: (-2.06 ± 0.98 $\log_{10}$ UI/ml) versus (-0.87 ± 0.71 $\log_{10}$ UI/ml): odds ratio (OR) 5.9; 95% confidence interval (IC) (2.9–12.4); $p < 0.0001$. First Week Virological Response was achieved in 94.2% of patients with SVR, not being observed in 82.9% of patients with absence of SVR: OR 79.6; 95% CI (19.7–320.3); $p < 0.0001$; it showed a higher negative predictive value than the RVR or IL-28B ones.

Patients with liver fibrosis F3-F4 who had higher baseline levels of LDL-cholesterol achieved higher rates of SVR. Those patients who had a lower value of infectivity ratio and median levels of LDL-cholesterol during the first month of bitherapy achieved higher rates of SVR too: "SVR group" 100 $\pm$ 23 mg/dl against "absent of SVR": 89 $\pm$ 28 mg/dl; OR 1.1; CI 95% (1.0-1.2); $p < 0.05$, being these differences more significant in genotype IL-28B-CC ($p = 0.013$). Patients with SVR had higher rates of FLM.

In subjects with CT/TT IL-28B genotype, lower degree of liver fibrosis and histologic inflammation, absent of insulin resistance, higher plasma concentration of Ribavirin at the first month of dual therapy were associated with higher rates of SVR. In multivariate analysis, urinary pH higher than 6 at the first month and an increasement of erythrocyte median corpuscular volume higher than 6 fentolitres were found associated statistically with higher plasma concentration of Ribavirina.

CONCLUSIONS

We developed a cost-efficient diagnostic tool for making-decision in chronic hepatitis C. First Week Virological Response is a biomarker of interferón-sensitivity as an independent predictor of response to dual therapy with a high negative predictive value.

All patients did not have the same lipid kinetics during the first month of dual therapy, being necessary to achieve a favorable lipid Metabolism and/or achieve SVR to keep higher plasma median concentration of LDL-cholesterol during this period. Those subjects with absent of favorable lipid metabolism could benefit from use of statins.

The adjustment of the daily dose of Ribavirin before and during antiviral therapy should be monitoring the erythrocyte median corpuscular volume, urinary pH and Lindahl´s formula.

CAPÍTULO II

GLOSARIO

CAPÍTULO II: GLOSARIO

AAD	Antivirales de acción directa
ABC	Área bajo la curva
Acla. Riba	Aclaramiento de Ribavirina
ACr	Aclaramiento de Creatinina
ADN	Ácido desoxinucleico
ADNc	Ácido desoxinucleico complementario
AFP	Alfafetoproteína
ALT	Alanino transferasa
AMA	Anticuerpo antimitocondrial
ANA	Anticuerpos antinuclear
Anti-LKM	Anticuerpo anti-hepático y anti-riñón
Anti-SMA	Anticuerpo anti-músculo liso
ARN	Ácido ribonucleico
ATP	Adenosin trifosfato
AST	Aspartato transferasa
AVE	Aclaramiento viral espontáneo
AUROC	Área bajo la curva
BOJA	Boletín Oficial de la Junta de Andalucía
Bt	Bilirrubina total
BVL	Baseline viral load
CEA	Antígeno carcinoembrionario
CI	Confidence interval
CLDN-1	Co-receptor Claudina 1
Cm	Centímetro
CrCl	Aclaramiento de Creatinina
IL-28B-CC	Genotipo favorable de la Interleucina 28B
Cr	Creatinina
CT/TT-IL-28B	Genotipo desfavorable de la Interleucina 28B
CVB	Carga viral basal
C_{valle}	Concentración valle

dl	Decilitro
DAA	Direct antiviral agent
DE	Desviación estándar
DODR	Dosis óptima diaria de Ribavirina
DPPI	Derivación percutánea intrahepática portosistémica
ECG	Electrocardiograma
EDTA	Ácido Etilendiaminotetracético
EIA	Enzimoinmunoensayo
EMA	Agencia Europea del Medicamento
eRVR	Respuesta virológica rápida extendida
€	Euro
FDA	Food and Drug Administration
FL	Fórmula de Lindahl
fl	Fentolitro
FS	FibroScan
FWVR	First Week Virological Response
g/dl	Gramo/decilitro
GGT	Gammaglutamil transpeptidasa
GWAS	Estudios de asociación genómica
h	Hora
Hb	Hemoglobina
HCC	Hepatitis crónica C
HCC-1	Hepatitis crónica C genotipo 1
HCG	Hormona coriogonadotropínica
HDL-c	Lipoproteínas de colesterol de alta densidad
Hg	Mercurio
HOMA-IR	Homeostasis model of assesment of insulin resistance
HPLC	High-performance liquid chromatography
HVR1	Región hipervariable 1
HVR2	Región hipervariable 2
Hz	Herzio
IC	Intervalo de confianza
IDL	Lipoproteína de densidad intermedia

Ig	Inmunoglobulina
IL-28B	Polimorfismo genético de la Interleucina-28b
IMC	Índice de masa corporal
IP	Inhibidores de la proteasa
ISDR	Interferon sensitive determining región
ISGF3	Factor 3 de estimulación de los genes del interferón
ISRE	Elementos de respuesta a la estimulación por el interferón
KD	Kilodalton
Kg	Kilogramo
KPa	Kilopascales
LDL-c	Lipoproteínas de colesterol de baja densidad
LDLr	Receptor de la lipoproteína de baja densidad
Ln	Logaritmo eneperiano
LPL	Lipoprotein lipasa
log_{10}	Logaritmo decimal
m	Metro
mcg	Microgramos
m^2	Metro cuadrado
MELD	Model for End-stage Liver Disease
mg/dl	Miligramo/decilitro
MHz	Megaherzio
mL	Mililitro
mLDLc	Concentración plasmática media de LDL durante 1° mes
mm	Milímetro
MLF	Metabolismo Lipídico Favorable
MxA	Proteína de resistencia a Myxovirus
NEF	Nivel de Exigencia Fibro-virológica
NEL	Nivel de Exigencia Lipídica
NNT	Número necesario a tratar
NS	Non-structural
OAS	2´,5´-oligoadenilato sintetasa
OCLN-1	Occuldina
OMS	Organización Mundial de la Salud

OR	Odds Ratio
PCR	Reacción en cadena de la polimerasa
PDI	Primera dosis de inducción
PD-1.3	Programmed cell-1.3
PegIFN	Interferón pegilado
Pg	Picogramo
RBV	Ribavirina
RNA	Ácido ribonucleico
RI	Ratio de infectividad
RIBA	Recombinant Immunoblot Assay
rpm	Revoluciones por minuto
RVFT	Respuesta virológica de final de tratamiento
RVL	Respondedor virológico lento
RVP	Respuesta virológica precoz
RVPc	Respuesta virológica precoz completa
RVPS	Respuesta Virológica de la 1ª semana
RVR	Respuesta virológica rápida
RVS	Respuesta Virológica Sostenida
RV1	Máxima reducción virémica al 3º o 7º día de biterapia antiviral
Rx	Radiografía
sc	Subcutáneo
SOD	Superóxido dismutasa
SR-BI	Receptor Scavenger B1
SVR	Sustained virological response
TGF-beta	Factor transformador de crecimiento beta
TNF	Factor de necrosis tumoral
TSH	Hormona estimulante del tiroides
UI	Unidades Internacionales
VCM	Volumen corpuscular medio
VIH	Virus de inmunodeficiencia humana
VHB	Virus de la hepatitis B
VHC	Virus de hepatitis C
VLDL	Very low density lipoprotein o de muy baja densidad
VPN	Valor predictivo negativo
VPP	Valor predictivo positivo

CAPÍTULO III

INTRODUCCIÓN

CAPÍTULO III: INTRODUCCIÓN

La infección por el virus de la hepatitis C es un problema sanitario de primera magnitud con una prevalencia en nuestro país en torno al 3%. Actualmente se encuentran infectados por este patógeno aproximadamente 170 millones de personas en todo el mundo, siendo responsable de complicaciones como la cirrosis hepática y sus descompensaciones (hemorragia digestiva variceal, ascitis, peritonitis bacteriana espontánea y encefalopatía hepática), así como del desarrollo de hepatocarcinoma, siendo además la causa más frecuente de indicación de trasplante hepático [1].

Se estima que más de un millón de estos pacientes que se encuentran infectados por el VHC morirán como consecuencia de complicaciones relacionadas directamente con la hepatitis crónica viral, principalmente como consecuencia del desarrollo de hepatocarcinoma, con especial incidencia en África, Oriente Medio y Asia. Por lo tanto, el impacto socio-económico que generarán las complicaciones relacionadas con las hepatitis crónicas virales va a suponer un aspecto crucial a tener en cuenta en la planificación futura de los servicios sanitarios. La morbilidad y mortalidad de estos pacientes se ha demostrado que se reduce con la erradicación viral [2].

3.1. HISTORIA NATURAL DE LA INFECCIÓN POR EL VHC

Una vez que el VHC ha infectado a un individuo, el virus se replicará preferentemente en el hepatocito, aunque su infectividad se va a extender a otras células extrahepáticas como son linfocitos, monocitos, células dendríticas y granulocitos [3]. El VHC generalmente produce una progresión lenta de enfermedad hepática y se estima que en torno al 20-30% de los individuos infectados desarrollarán una cirrosis hepática en un periodo de 20-30 años, muchos de los cuales desarrollarán un fallo hepático o un hepatocarcinoma [4,5]. Actualmente se sabe que existe un 33% de enfermos que desarrollarán cirrosis en menos de 20 años (actividad fibrótica alta), mientras que otro 31% de los enfermos necesitarán 50 años o más en desarrollar la misma lesión (actividad fibrótica lenta).

Cuando un paciente sufre una hepatitis aguda por VHC, sólo un 10-15% presentarán síntomas clínicos como ictericia, epigatralgia o nausea. La mayoría se encontrarán asintomáticos y la infección pasará desapercibida. Entre un 15-50% de los pacientes con una infección aguda por el VHC presentarán una aclaramiento viral espontáneo en los 6 meses siguientes [6]. El resto de los pacientes desarrollarán una infección crónica por el VHC, la cual se suele presentar de forma asintomática y se detecta por elevación intermitente de enzimas hepáticas. La mayoría de los pacientes no desarrollan síntomas hasta que presentan las complicaciones de la cirrosis o un hepatocarcinoma.

Síntomas como nausea, astenia, artralgias, mialgias, parestesias y prurito son síntomas que en ocasiones se presentan en estados avanzados de enfermedad hepática. Otras manifestaciones de debut clínico de la infección son la crioglobulinemia mixta esencial[7], la porfiria cutánea tarda, una glomerulonefritis membranosa, síndrome de Sicca o tiroiditis [8,9].

3.2. VIROLOGÍA EN LA HEPATITIS C

A partir del 1970 se comenzó a sospechar la presencia de un nuevo virus distinto al de la hepatitis A o B, que se asociaba a casos de hepatitis asociado a transfusiones [10]. No fue hasta el año 1989 cuando tuvo lugar el descubrimiento del virus no-A, no-B por Choo, quien le dio el nombre de virus de la hepatitis C [11]. Posteriormente fue clasificado dentro de la familia Flaviviridae. El VHC es un patógeno con un diámetro de 50 nm[12]. Éste se asocia a las lipoproteínas de colesterol de baja densidad (LDL-c) [13], las cuales facilitan la entrada viral al hepatocito mediante endocitosis.

El VHC es un virus ARN constituido por una cadena lineal de sentido positivo que tiene una longitud aproximada de 9500 nucleótidos, que se replica en su totalidad en el citoplasma celular. Su precursor es una poliproteína de aproximadamente 3000 aminoácidos, que son procesados en al menos 10 polipépticos diferentes (figura 1).

Figura 1. Estructura del genoma del virus de la hepatitis C.

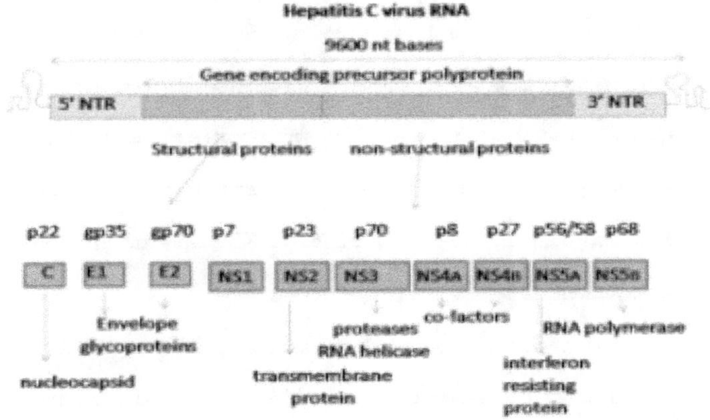

NS (non-estructural); ARN (ácido ribonucleico); nt (nucleótidos); gp (glicoproteínas); gene encoding precursor polyprotein (genes codificantes precursores de poliproteínas); nucleocapsid (nucleocápside); envelope glycoproteins (glicoproteínas de la envuelta);transmembrane protein (proteína transmembrana).

Fuente: http://en.wikipedia.org/wiki/Hepatitis_C_virus

El VHC entra en el hepatocito interactuando con 4 co-receptores celulares: CD81, receptor Scavenger B1 (SR-B1), claudina 1 (CLDN-1) y Occuldina (OCLN-1), precisando además la interacción con el receptor de Lipoproteínas del colesterol de baja densidad (LDL-c) y glucosaminoglicanos.

La entrada viral inicialmente tiene lugar gracias a la formación de un complejo lipoviropartículas-SRB1-CD81, con la participación de CLDN-1 y OCLN, que permite la endocitosis y fusión pH-dependiente de la partícula viral. El procesamiento de esta poliproteína está mediada por una enzima peptidasa del huésped y dos serina-proteasas virales, codificadas por las regiones NS2-3 y NS3-4A. Las proteínas del core (C, 16-21 KD) y de la envoltura (E1, 31-37 KD; E2, 61-72 KD) representan las proteínas estructurales.

Las regiones llamadas hipervariables (HVR1 y HVR2) están contenidas en E2, siendo las responsables de la variedad genómica del VHC. De las regiones no estructurales (NS), la NS3 es la más conocida, contiene una serina-proteasa y da origen a una ARN-helicasa, ambas fundamentales para la replicación viral. Las restantes son denominadas NS2, NS3, NS4A, NS4B, NS5A yNS5B [14]. La proteína no estructural 2 (NS2) cataliza la unión a nivel de unión NS2-3. NS3 y NS4 constituyen una proteasa que escinde el resto de proteínas no estructurales procedente del complejo poliproteico.

NS3 también posee una actividad helicasa trifosfato nucleósido esencial para la replicación viral. NS4B es una proteína altamente hidrofóbica que induce la proliferación de un Retículo endoplasmático facilitador de la replicación viral. NS5A es una proteína multifuncional unida al ARN, ejerciendo un papel modulador de la producción viral.

La NS5B es una ARN polimerasa viral RNA-dependiente, que cataliza la acumulación de cadenas de ARN positivas a partir de cadenas negativas intermediarias. Las proteínas E2 y NS5A parecen modular la respuesta al interferón [15-18]. La proteína E2 interactúa con la proteína E1, dando lugar al complejo proteico de la envoltura viral.

La secuencia aminoacídica 1-27 de la región N-terminal de la proteína E2 es extremadamente variable y se conoce como región hipervariable 1 (HVR1). La heterogeneidad de esta región depende de la presión inmunológica selectiva inducida por el sistema inmune del huésped. La región hipervariable 2 (HVR2) es menos conocida. La proteína NS5A juega un papel muy importante en la replicación viral mediada por una ARN polimerasa- ARN dependiente. Las mutaciones en esta región puede incrementar la respuesta al interferón [19,20]. Esta región se ha denominado IFN sensitive determining región (ISDR). La proteína NS5A se asociado a resistencia a los efectos del interferón al inhibir la proteína kinasa inducida por el interferón [21].

El ensamblaje de los viriones infectivos tiene lugar en forma de vesículas lipídicas (lipid droplets), permitiendo su acúmulo hepatocitario, así como su secreción en forma de lipoviropartículas (lipoproteínas de muy baja densidad, VLDL), las cuales para su ensamblamiento precisan de las proteínas p7, NS2, NS3 y NS5A.

La interacción existente entre las proteínas E2 y/o NS5A es empleadas por el VHC para evitar los efectos antivirales del interferón. Otro mecanismo de resistencia frente al interferón lo constituye la NS3/4A serán-proteasa, siendo responsable del bloqueo de la fosforilación y acción del factor 3 regulador del interferón, elemento clave en la regulación del sistema de señalización antiviral celular [22].

Existen 6 genotipos. Los genotipos 1a y 1b predominan en Europa y América, seguidos por los genotipos 2b y 3a [23]. El genotipo 1 también predomina en Japón y en algunas regiones asiáticas, mientras que el genotipo viral 4 predomina en Egipto y África Central [24], el genotipo 5 en Sudáfrica.

El genotipo 6 fundamentalmente en el Sureste Asiático. Dentro de cada genotipo viral existen variantes genéticas llamadas cuasiespecies, que permiten al virus evadir mejor el sistema inmunológico humoral y celular del huésped.

3.3. DIAGNÓSTICO DE HEPATITIS C

El diagnóstico tanto de la infección aguda como crónica por el VHC se basa en la detección de anticuerpos frente al VHC, así como la detección del ARN del VHC mediante PCR (reacción en cadena de la polimerasa). Para el diagnóstico de la enfermedad hepática que produce el VHC se debe iniciar la historia clínica con una anamnesis y exploración física cuidadosas.

Se investigarán: a) los factores de riesgo del paciente; b) los factores que pueden agravar la enfermedad hepática por el VHC, como el síndrome metabólico, la diabetes, el alcoholismo, la medicación hepatotóxica y la inmunodeficiencia; c) signos y síntomas de la enfermedad hepática y de manifestaciones extrahepáticas que puedan estar asociados a la infección por el VHC; d) signos y síntomas de otras enfermedades hepáticas que podría estar asociadas (hemocromatosis, porfiria cutánea tarda, enfermedades autoinmunes…) y enfermedades que puedan contraindicar el tratamiento antiviral de la hepatitis C, como las psiquiátricas.

El test anti-VHC se emplea como test de screening mediante métodos de enzimoinmunoensayo (EIA), basado en la detección de anticuerpos frente a diferentes epítopos virales recombinantes. En áreas poblacionales con baja prevalencia de la infección por VHC este test normalmente es confirmado con otras técnicas complementarias. Los anticuerpos anti-VHC suelen detectarse a las 6-12 semanas de la infección inicial, coincidiendo con la elevación de las enzimas hepáticas en más del 80% de los casos.

En cuanto a sus diferentes especificidades, los primeros en detectarse son los anticuerpos frente a la proteína NS3 (en torno a las 6 semanas), seguidos, en primer lugar, de los anticuerpos frente al antígeno del *core* (a las 10 semanas); posteriormente se detectan anticuerpos frente a la proteína NS4 y, finalmente, los anticuerpos anti-NS5 (a las 12 semanas).

El ARN circulante puede detectarse en las dos semanas posteriores a la exposición, alcanzando un nivel máximo antes de que aparezcan los signos biológicos de hepatitis aguda. En algunos casos, el ARN del VHC puede ser indetectable durante la fase aguda, reapareciendo posteriormente y estableciendo una infección persistente.

Durante la hepatitis crónica, las cifras de ARN del VHC son muy estables. El antígeno del *core* del VHC se puede detectar de uno a dos días después de la detección del ARN del VHC.

El test de confirmación más frecuentemente usado es el ensayo de inmunoblot recombinante (RIBA del inglés Recombinant Immunoblot Assay, Chiron Corporation, Emeryville, CA). El test RIBA contiene los mismos antígenos del VHC que el test EIA, dispuestos separadamente sobre una tira junto con superóxido dismutasa (SOD) para detectar anticuerpos no específicos frente a proteínas de levadura (los antígenos recombinantes del VHC se obtienen típicamente usando levadura como vector).

Para definir si se trata de una infección resuelta o se trata de una infección crónica por el VHC se emplea un test de PCR para la detección cualitativa del RNA-VHC. La detección del ARN del virus se realiza mediante pruebas de amplificación genómica (RT-PCR u otras) [25-27] y ofrece una medida de la viremia activa. Su positividad indica presencia de virus circulante y confirma infección en curso, aguda o crónica. Su negatividad en una muestra puntual no descarta la infección crónica, ya que la viremia es, en ocasiones, intermitente.

Su determinación puede ser cualitativa o cuantitativa. Se han desarrollado algunos sistemas que permiten realizar una cuantificación aproximada de la viremia (carga vírica) y existe un estándar internacional de ARN del VHC, cuantificado en Unidades Internacionales (UI/ml), que actualmente ha unificado los criterios de exposición de resultados entre los diferentes sistemas [28].

Los ensayos actuales de cuantificación del ARN del VHC se basan en la reacción en cadena de la polimerasa (PCR) en tiempo real o la amplificación mediada por transcripción. La disponibilidad de estos ensayos difiere en todo el mundo. Estos ensayos cuantitativos puede detectar el ARN del VHC con un límite inferior de detección de 10 UI/ml y superior de hasta 10^7 UI/ml, lo que garantiza resultados fiables para casi todas las situaciones clínicas encontradas en la práctica común.

La detección del ARN del VHC requiere el uso de técnicas moleculares para su amplificación. Estas técnicas consisten en la síntesis de numerosas copias (amplicones) de un fragmento del genoma viral (habitualmente de la región 5NC) mediante una reacción enzimática cíclica que puede ser de dos tipos: la amplificación por PCR tras la retrotranscripción del ARN a ADN, generando amplicones de ADN de doble cadena, y la "amplificación isotérmica mediada por transcripción" (TMA), en la que las copias del genoma son moléculas de ARN de cadena simple.

En ambos casos, la identificación del producto amplificado se basa en su hibridación con oligonucleótidos sintéticos fijados a una fase sólida, seguida de la detección de los híbridos mediante una reacción enzimática sobre un sustrato colorimétrico o luminiscente. La determinación de ARN viral circulante puede ser cualitativa o cuantitativa (número de copias virales expresado en unidades internacionales).

Recientemente, se han desarrollado técnicas de PCR "en tiempo real" basadas en la detección de los amplicones al inicio de la fase exponencial de la reacción de PCR en lugar de al final de la misma [29]. Para ello, se emplean sondas marcadas con fluorocromos que emiten una señal fluorescente al degradarse la sonda por la acción exonucleasa de la propia ADN polimerasa termoestable utilizada para la reacción de PCR. De esta manera, puede detectarse el inicio de la fase exponencial.

Estas técnicas son mucho más sensibles, ya que presentan un rango dinámico de cuantificación (rango de cifras de ARN en el que la cuantificación es fiable) mucho más amplio, que las hace especialmente útiles para la monitorización del tratamiento antiviral.

Los resultados de estos métodos se expresan actualmente en unidades internacionales por mililitro (UI/ml), de acuerdo con un patrón establecido por la OMS. Los límites inferiores de detección de las diversas técnicas oscilan entre 20 UI/ml (técnicas de PCR a tiempo real como *COBAS Ampliprep/COBAS Taqmann* de Roche y *Abbott Real-time HCV Assay)* y 600 UI/ml (técnicas basadas en la amplificación de señal tras hibridación, como *bDNA-Versant HCV RNA 3.0* de Siemens). Los límites superiores de detección oscilan entre 10^7 UI/ml (*Versant HCV RNA*) y 108 (técnicas de PCR a tiempo real) [30].

Se consideran sensibles aquellas capaces de detectar 50 UI/ml o más. La especificidad de las técnicas es del 98%-99% y es generalmente independiente del genotipo. En cualquier caso, variaciones inferiores a 0,5 logaritmos no deben tenerse en cuenta, ya que pueden corresponder a la variabilidad intrínseca del método. La cuantificación de ARN puede hacerse tanto en suero como en plasma, siempre que éste no contenga heparina. Las recomendaciones de los consensos internacionales indican que deben utilizarse técnicas que permitan la detección de cifras por encima de 50 UI/ml. A pesar de utilizarse estándares primarios de la OMS para la calibración, se observan diferencias significativas al procesar la misma muestra por diferentes ensayos, por lo que es recomendable la utilización de la misma técnica para valorar el ARN del VHC durante la monitorización del tratamiento.

En la práctica clínica, el genotipo puede determinarse mediante métodos comerciales basados en la secuenciación de la región 5NC (*Trugene 5´ NC HCV Genotyping Kit, Siemens*) o en la hibridación inversa del producto amplificado de la misma región con sondas genotipo-específicas, fijadas a un soporte de nitrocelulosa (*Inno-LiPA HCV II*, de Immunogenetics) [31].

Ambos métodos permiten detectar correctamente los 6 genotipos principales, aunque no siempre logran identificar todos los subtipos, lo que carece de relevancia práctica en la decisión terapéutica. El genotipo también puede identificarse mediante enzimoinmunoanálisis competitivo basado en la detección de anticuerpos genotipo-específicos frente a epítopos de la región NS4 o *core*. Constituyen pruebas que pueden llegar a permitir la discriminación entre los diferentes subtipos [32,33].

La ecografía abdominal es un procedimiento de uso habitual en el estudio de estos pacientes, pues permite identificar signos de cirrosis (contornos abollonados hepáticos, dilatación de la vena porta, esplenomegalia, ascitis, en el contexto de hipertensión portal, presencia de colaterales en el contexto de hipertensión portal, presencia de colaterales intraabdominales, así como la presencia de lesiones ocupantes de espacio, destacando la detección de hepatocarcinoma.

La biopsia hepática ha sido considerada el método de referencia para evaluar la gravedad de la lesión hepática, puesto que permite detectar y cuantificar el estadio de fibrosis hepática y establecer el grado de actividad necro-inflamatoria acompañante [34]. Además, las lesiones histológicas orientan sobre otras causas coincidentes de lesión hepática. Sin embargo, la biopsia hepática es una prueba cruenta, con posibles complicaciones, y tiene limitaciones diagnósticas, como el error de muestra su reducido tamaño y la variabilidad en la interpretación de dicha muestra, ya que la valoración anatomopatológica es subjetiva.

El diagnostico de cirrosis hace que se deba establecerse un programa de cribado de carcinoma hepatocellular con ecografía de abdomen cada 6 meses y de varices esofagogástricas con endoscopia oral cada 2-3 años, especialmente en estadio B y C de Child-Pugh, así como una vigilancia del desarrollo de descompensación hepática. Los sistemas de puntuación de los hallazgos anatomopatológicos en la biopsia hepática más importantes son el índice de Knodell, índice de Ishak y el sistema METAVIR, siendo este último el que empleamos para nuestro estudio y cuyas características se exponen a continuación en la tabla 1.

Tabla 1. Escala de fibrosis Metavir: asignación de puntuaciones en función de la histología.

Necrosis en sacabocado	+ Necrosis lobulillar	= Índice de actividad histológica
0 (ninguna)	0 (ninguna o leve)	0 (ninguna o leve)
0	1 (moderado)	1 (leve)
0	2 (intenso)	2 (moderado)
1 (leve)	0,1	1
1	2	2
2 (moderado)	0,1	2
2	2	3 (intenso)
3 (intenso)	0, 1, 2	3

Fibrosis Grado	
0	Sin fibrosis
1	Ensanchamiento portal con aspecto estelar sin formación de septos
2	Ensanchamiento portal con aspecto estelar con formación ocasional de septos
3	Numerosos septos sin cirrosis
4	Cirrosis

Fuente: Bedossa P, Poynard T. An algorithm for the grading of activity in chronic hepatitis C. The METAVIR Cooperative Study Group Hepatology. 1996; 24(2): 289-93.

Entre los nuevos métodos de evaluación no cruenta de la fibrosis hepática, la técnica de Elastografía unidimensional y, más concretamente, la tecnología FibroScan (FS) (Echosens, París, Francia) se ha revelado como un método sencillo, inocuo, rápido y objetivo para la cuantificación de la fibrosis. El sistema está compuesto por un transductor de ultrasonidos acoplado sobre el eje de un vibrador, un sistema electrónico de análisis diseñado específicamente para esa aplicación y una unidad de control instalada en un orden personal.

El elemento vibrador genera una vibración (típicamente 50 Hz) de baja frecuencia y amplitud que provoca una onda elástica de propagación a través de los tejidos. Las señales de ultrasonido (5 MHz), permiten determinar la propagación y velocidad de la onda elástica relacionándola directamente con la elasticidad tisular: a mayor velocidad de propagación, menor elasticidad del tejido.

Todas las mediciones del FibroScan se realizan sobre el lóbulo hepático derecho a través del espacio intercostal, mientras que el paciente permanece en decúbito supino con el brazo derecho en posición de abducción máxima. Las mediciones abarcan una porción hepática de al menos 6 cm de grosor sin grandes estructuras vasculares y mide la elasticidad hepática de un cilindro de aproximadamente 1 cm de diámetro por 2 cm de longitud, que es 100 veces mayor que la muestra obtenida habitualmente por punción-biopsia y, por tanto, más representativa de la totalidad del parénquima hepático [34]. Los mejores resultados del FibroScan se han obtenido para discriminar los grados avanzados de fibrosis (F3-F4) frente a estadios iniciales (F0-F1): ver figura 2.

Figura 2.Estadiaje de la fibrosis mediante Fibroscan.

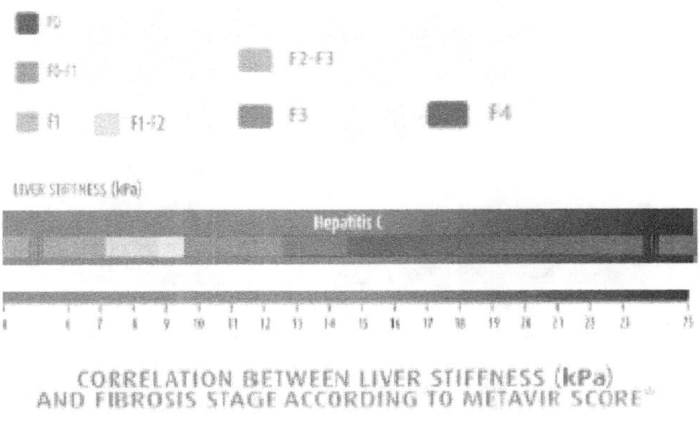

F0 (ausencia de fibrosis); F0-F1 (fibrosis mínima); F2 (estadio F2); F3 (fibrosis significativa en puentes); F4 (fibrosis avanzada o cirrosis hepática).

Fuente: http://www.echosens.com/es/Products/fibroscanr-402.html

3.4. EPIDEMIOLOGÍA Y VÍAS DE TRANSMISIÓN DE LA HEPATITIS C

Aproximadamente un 3% de la población mundial está infectada con el virus de la hepatitis C (VHC) estimando un número total de 170 millones de personas. Para todos estos tipos de virus, la mayor prevalencia se da en la población de Asia, África, Sur América y el Este, Centro y Sur de Europa. En Estados Unidos, la enfermedad hepática crónica y la cirrosis son la 12ª causa más importante de muerte entre los adultos y las muertes por cirrosis se prevé que incrementen un 360% para el 2028 debido a los casos desarrollados a partir de infección crónica por hepatitis C [1].

La incidencia de carcinoma hepatocelular o cáncer se ha doblado en los últimos 20 años y se espera que incremente otro 68% a lo largo de la próxima década a partir de cánceres desarrollados en individuos infectados por hepatitis C. Se estima que 3,9 millones de estadounidenses han sido infectados por el VHC y que 2,7 millones de personas tienen infección crónica. Existe una amplia variación geográfica en la prevalencia de esta infección. En el norte de Europa, se estima que la prevalencia es del 0,3 % y en el sur de Europa y América del Norte entre el 1-1,5 %, mientras que en África del norte y el centro de más de un 10% [35].

Las transfusiones de sangre y el uso de drogas por vía intravenosa han sido los modos predominantes para la transmisión de infecciones por VHC en el mundo occidental. Después de 1990, cuando apareció la primera generación de pruebas de detección viral, fue introducida la detección obligatoria de los donantes de sangre. En la actualidad, el uso de drogas por vía intravenosa es la vía principal para transmisión del VHC en el mundo occidental.

La transmisión nosocomial también se ha documentado. El riesgo de transmisión perinatal del VHC de la madre infectada al recién nacido se estima que es inferior al 5 %, y el riesgo de transmisión sexual aún más bajo. La acupuntura y los tatuajes son potenciales vías de transmisión del virus.

3.5. TRATAMIENTO DE LA HEPATITIS CRÓNICA POR EL VIRUS C

El objetivo del tratamiento antiviral en la hepatitis crónica por VHC es detener la progresión hacia estadios avanzados de la enfermedad hepática, erradicando el virus y así, disminuir el riesgo de hepatocarcinoma. Los primeros ensayos terapéuticos se basaron en el empleo de interferón estándar administrado por vía subcutánea (sc) a una dosis de 3 MU tres veces por semana en combinación con Ribavirina por vía oral a una dosis de 1000 -1200 mg/día, dependiendo del peso corporal del paciente [36-38]. La duración del tratamiento fue de 24 semanas para pacientes infectados con el genotipo no-1 (genotipo 2 o 3) y para el genotipo 1 una viremia basal menor de 1.2 x 10 UI / mL, mientras que la duración fue de 48 semanas en pacientes infectados con genotipo 1 y una viremia basal mayor a ese punto de corte [37,38].

El interferón alfa es una glicoproteína con actividad antiviral, antiproliferativa e inmunomoduladora. La actividad antiviral se debe a la inducción de enzimas celulares que interfieren en la síntesis de proteínas virales. La mayoría de los interferones inhibe la transcripción y translocación del ARN viral, potenciando la acción del sistema inmune celular. Después de unirse a los receptores específicos tipo I, el interferón alfa activa diferentes rutas metabólicas de traducción de señal.

La acción antiviral está mediada a través de proteínas cinasas dependientes de ARN de doble cadena. La proteína cinasa activada es responsable de de la fosforilación del factor de iniciación para la síntesis proteica IF2, cuya función principal es la de transportar el complejo formil metionina al ARN mensajero (ARNm-Met) a la subunidad 40S de los ribosomas para iniciar la translación. La fosforilación del IF2 además inhibe la translación. El interferón alfa al unirse a su receptor celular formado por 2 subunidades (IFNAR1 e IFNAR2), lo que conduce a la dimerización de IFNAR1 e IFNAR2 y la activación (fosforilación) de las tirosinas cinasas asociadas al receptor del interferón alfa, que son las JAK1 y Tyk2.

Una vez activadas, JAK1 y TyK2 fosforilan IFNAR1 e IFNAR2, l que permite la unión de señales de transducción y activación de factores de transcripción como STAT1 y STAT2 al receptor del interferón alfa y posterior fosforilación por JAK1 o TyK2. STAT1 y STAT2 activados son liberados al citosol, donde forman heterodímeros y se unen al factor regulador del interferón 9 (IFN9), para formar un factor de transcripción conocido como factor 3 de estimulación de los genes del interferón (ISGF3) [39].

Este complejo es trasladado al núcleo, donde se une a los elementos de respuesta a la estimulación por el interferón (ISRE), que inician la transcripción de los genes estimulados por el interferón (ISGs) Además la proteína cinasa modula la transcripción, activando el factor nuclear kB mediante la fosforilación del factor de inhibición I kB.

Algunas de las proteínas con actividad antiviral derivadas de la transcripción de los ISGs son la proteína cinasa dependiente del ARN (PKR), la proteína de resistencia a Myxovirus (MxA) y la 2´,5´-oligoadenilato sintetasa (OAS). Además estimula la degradación del RNA ribosómico, lo que permite la inhibición de proteínas virales. El interferón también afecta el metabolismo de las proteínas Mx, que interfieren en la transcripción viral y posiblemente también sobre la actividad de la polimerasa viral.

También inhibe el crecimiento celular, al inducir una apoptosis mediada por el factor de necrosis tumoral alfa. Los efectos inmunomoduladores del interferón alfa radican en el incremento de la expresión del Complejo Mayor de Histocompatibilidad clase I, que favorece la detección de los antígenos virales por las células T.

Todos los interferones activan una variedad de células de nuestro sistema inmune: natural killers, macrófagos y células B. El interferón alfa estándar no modificado tiene una vida media de 4-10 horas, alcanzando su pico de concentración máxima a las 3-8 horas de haberse administrado subcutáneamente. A las 24 horas de haberse administrado ya no se detecta interferón alfa en el suero. Mayores concentraciones de interferón alfa se han obtenido con la administración del mismo 3 veces a la semana. Posteriormente, el interferón pegilado sustituyó al interferón estándar, al haberse conseguido asociar a éste una molécula de polietilenglicol, lo que ha disminuido el aclaramiento del interferón, incrementando su vida media.

Actualmente existen dos moléculas distintas de interferón pegilado: a) el interferón pegilado alfa-2a (Pegasys ®), que tiene una molécula de polietilenglicol ramificado de 40 por kilo Dalton (kD) unida al interferón y, b) el interferón pegilado alfa-2b (PegIntron ®), en el que la molécula de Polietilenglicol empleada es lineal y de 12 kD. Después de la administración de una sola dosis s.c., la concentración sérica máxima se suele alcanzar después de 6-8 horas, y los niveles de interferón se mantienen detectables en suero durante 20-24 horas.

Las concentraciones séricas máximas difieren dependiendo del tipo de interferón pegilado empleado, alcanzándose a las 72-96 horas en el caso del interferón pegilado alfa-2a, mientras que para el interferón pegilado alfa

2b suelen alcanzarse antes, en torno a las 15 a 44 horas de haber administrado el fármaco. La semivida plasmática de cada uno es respectivamente de 75 y 31 horas [39]. El tratamiento con interferón pegilado alfa-2b (1.0 mcg / kg q.w.) durante 48 semanas dobló las tasas de curación o respuesta virológica sostenida (RVS) comparado con el régimen estándar de 3 MU de interferón alfa 3 veces a la semana durante el mismo tiempo (24% versus 12%) [40].

El interferón alfa-2a (180 mcg/sc/semana) en monoterapia alcanzaba una respuesta virológica de final de tratamiento en la semana 48 del 69% y una tasa de RVS del 39% comparada con el interferón alfa estándar administrado 3 veces en semana 6 MU durante 12 semanas seguido de 3 MU durante las siguientes 36 semanas con tasas del 28% y 19%, respectivamente [41].

Un patrón bifásico muestra la cinética viral durante el tratamiento antiviral con interferón alfa estándar: una primera fase de `caída pronunciada, la cual comienza a partir de las 8 horas de haberse administrado, seguida de una caida más lenta que comienza a partir de las 24-48 horas de haberse administrado.

La Ribavirina es un nucleósido de las purinas sintético que entra en las células eucarióticas rápidamente y ejerce un efecto antiviral virustático frente a una gran variedad de virus DNA y RNA después de haber sido sometida a una fosforilación intracelular. La Ribavirina trifosfato interfiere de forma precoz con la transcripción viral, en el desarrollo y elongación del ARN mensajero, e inhibe la síntesis de las ribonucleoproteinas.

La Ribavirina inhibe la actividad de la deshidrogenasa inosina monofosfato y timidin quinasa, al reducir los reservorios intracelulares de guanosina trifosfato, elementos que resultan imprescindibles para la replicación y transcripción viral. La depleción de los reservorios intracelulares de guanosina trifosfato pueden potenciar la mutagénesis viral a través de la polimerasa viral. La Ribavirina también ejerce efectos inmunomoduladores, al producir una inhibición dosis-dependiente de la concentración citocinas-ARN mensajero (Interleucina 2 y 4, así como el factor de necrosis tumoral alfa).

Además incrementa la respuesta de los linfocitos T Helper, que somete al virus a una mayor presión inmunológica. Además reduce los efectos citopatogénicos virales *in vitro*.

La Ribavirina también interacciona a nivel de la vía de señalización del interferón, favoreciendo la unión de STAT1 al ADN e induciendo la expresión de los ISGs. La Ribavirina podría alterar el balance T_H1/T_H2, favoreciendo la respuesta T_H1 y, por tanto, el aclaramiento del virus. Alcanza su concentración plasmática máxima después de 1,7 horas y 3 horas después de haber recibido una dosis dos veces al día de 600 mg, respectivamente.

La concentración plasmática en estado estacionario (the steady-state plasma concentration) tras la administración oral de Ribavirina a dosis de 600 mg dos veces al día suele alcanzarse a partir de las4 semanas de tratamiento [42]. Tras la administración de una dosis única de Ribavirina, el perfil de las concentraciones plasmáticas de Ribavirina se puede dividir en 3 fases correspondientes a una primera fase rápida de absorción seguida de una rápida fase de distribución y una fase prolongada de eliminación.

No se une a proteínas plasmáticas y tiene un volumen aparente de distribución muy elevado debido a su extensiva acumulación en glóbulos rojos (cociente sangre total: plasma = 60:1). La Ribavirina se distribuye lentamente a líquido cefalorraquídeo, donde alcanza unas concentraciones que son el 70% de las plasmáticas. En cuanto a su eliminación, la Ribavirina se elimina por vía metabólica y renal [43]. Se conocen 2 vías de metabolismo de la Ribavirina: una de fosforilación reversible a sus formas mono- di- y tri- fosfato y una vía degradativa de desribosilación e hidrólisis de la amida para dar lugar al metabolito ácido Triazol Carboxílico. Tanto la Ribavirina como su metabolito se eliminan por vía renal.

La Ribavirina tiene un tiempo de semivida de eliminación muy largo, lo que podría reflejar su extensiva acumulación en compartimentos no plasmáticos como los glóbulos rojos y su lento aclaramiento de los mismos. Por esta razón, el estado de equilibrio estacionario de la Ribavirina no se alcanza hasta la semana 4 de tratamiento.

La farmacocinética de la Ribavirina está influida por alimentos: alimentos ricos en grasas incrementan las concentración máxima (C_{max}) y el área bajo la curva (ABC) hasta un 70% por retraso del vaciado gastrointestinal y mejora de la disolución de la forma farmacéutica. La variabilidad interindividual de las concentraciones de Ribavirina está condicionada por variables como el peso corporal, el sexo, la edad y la creatinina sérica (aclaramiento de creatinina).

El volumen de distribución de la Ribavirina depende principalmente del peso corporal. En cambio, el aclaramiento depende del peso corporal y del aclaramiento de Creatinina, encontrándose una correlación negativa entre las concentraciones plasmáticas de Ribavirina y la filtración glomerular.

La función renal es un factor importante en la farmacocinética de la Ribavirina, especialmente cuando el aclaramiento de Creatinina está alterado (ACr < 43 ml/hora). La Ribavirina produce anemia hemolítica por acumulación de las formas trifosfato de la Ribavirina en el interior de los glóbulos rojos (la fosforilación de la Ribavirina en los glóbulos rojos es irreversible porque éstos carecen de fosfatasas) y consiguiente depleción del ATP intracelular.

La anemia producida, sin embargo, por el interferón es secundaria a supresión de la médula ósea. Esta es la consecuencia de que se suela producir una caída media de los niveles de hemoglobina (Hb) de 2-3 g/dl durante las 12 primeras semanas de terapia antiviral. Alrededor de un 10% de los pacientes experimentan una caída por debajo de 10 g/dl y requieren reducciones de dosis de Ribavirina, con el riesgo de no conseguir alcanzar una RVS.

La Ribavirina en monoterapia tiene un escaso impacto en la erradicación viral del VHC [44], sin embargo en combinación con el interferón pegilado reduce de forma muy significativa el riesgo de recidiva después de la interrupción del tratamiento. Según los ensayos clínicos, el genotipo viral y después la carga viral basal son los factores pronósticos más importantes en biterapia para que sea alcanzada la respuesta virológica sostenida (RVS). Tienen tanta importancia que, aunque la dosis de interferón permanece fija, la duración del tratamiento y la dosis de Ribavirina varían en función del genotipo viral.

En los primeros estudios se observó que el interferón en monoterapia conseguía una tasa de RVS muy baja. Sin embargo, la RVS era muy superior en asociación, como anteriormente comentamos con la Ribavirina. Ya en los primeros estudios con interferón estándar y Ribavirina se demostró que los pacientes con genotipo 1 eran más resistentes al tratamiento, mientras que la tasa de RVS en genotipo no-1 era independiente de la duración del tratamiento. En cambio, en el genotipo 1 aumentaba la tasa de RVS al incrementar la duración del tratamiento a 48 semanas.

Posteriormente se publicó un análisis *post hoc* de los 2 ensayos clínicos anteriores: el tratamiento "a la carta" en la hepatitis C crónica " [45,46]. Aunque se demostró claramente que en los genotipos 2 y 3 la RVS no aumentaba al prolongarse el tiempo de tratamiento, la recomendación de tratar a estos pacientes durante 24 semanas no está recogida en la ficha técnica del interferón alfa-2b. Esta recomendación se realizó después del estudio con interferón pegilado alfa-2a de Hadziyannis et al, publicado en 2004 [47].

En biterapia (asociación de interferón pegilado + Ribavirina) la primera regla de parada que apareció fue propuesta por Poynard y McHutchison [44,45]. Los pacientes que son ARN-VHC positivos a la semana 24 no tienen posibilidades de responder, incluso si se continúa el tratamiento otras 24 semanas, por lo que se puede interrumpir la terapia en los pacientes sin respuesta virológica a la semana 24, con el consiguiente ahorro en los costes y en los efectos adversos (Respondedor virológico lento).

La segunda, propuesta por Davis et al, [48] es la regla de la semana 12, que se aplica a los tratamiento prolongados de 48 o más semanas. Sólo los pacientes que a la semana 12 son ARN-VHC negativo o cuya carga viral disminuye al menos 2 $\log_{10}$ tienen posibilidades de alcanzar la RVS: es la llamada Respuesta Virológica Precoz (RVP), de forma que si en la semana esta respuesta no se alcanzado se puede suspender la terapia dual. A los pacientes cuyo ARN-VHC disminuye >2 $\log_{10}$ en la semana 12, pero no se hace negativo, se les tiene que aplicar la regla de la semana 24.

La tercera y última regla en terapia dual (interferón pegilado + Ribavirina) es la Respuesta Virológica Rápida (RVR), que son aquellos que consiguen la indetectabilidad viral en la semana 4 de terapia antiviral dual. Ésta nos permite conocer qué pacientes se beneficiarán de un tratamiento más corto, y es aplicable a todos los genotipos. También es útil para motivar a los enfermos, ya que la mayoría de los pacientes que la alcanzan finalmente se curan.

La mayoría de los datos sobre la efectividad de la terapia dual están recogidos en los 3 ensayos de registros más relevantes. En el genotipo 1 se han demostrado una tasa de RVS del 42-46% [49,50]. En el primer estudio la dosis de Ribavirina (800 mg/día) fue inferior a la efectiva para el genotipo 1. Si se reduce el tiempo o la dosis o la dosis de Ribavirina, la tasa de RVS disminuía. En práctica clínica, la Ribavirina en los pacientes con genotipo 1 se dosifica según peso: 1000 mg/día si tienen un peso corporal menor o igual a 75 kg. Y 1200 mg/día para los que superan los 75 kg. También se pueden dosificar en mg/kg: al menos es necesario una dosis mayor de 10.6 mg/kg (11-13 mg/kg que corresponde a 800-1400 mg, dependiendo del peso [48,49].

La dosificación máxima de Ribavirina ha sido de 1400-1600 mg/día que puede estar especialmente indicada en pacientes obesos [50,51]. De estos estudios los factores pronósticos de RVS en terapia dual más relevantes, además de la carga viral basal, encontramos el grado de fibrosis hepática de los pacientes. En el estudio de Hadziyannis [47], la RVS en los pacientes con cirrosis (METAVIR F4) o fibrosis avanzada (METAVIR F3) tratados con dosis máximas de Ribavirina durante 48 semanas fue del 41% frente al 57% en los no cirróticos.

También en el estudio de Manns, la fibrosis influyó en las tasas de RVS: del 44% y 57%, respectivamente [49]. Se ha realizado 3 estudios que analizaron la reducción de la duración del tratamiento dual en los pacientes con genotipo 1. El estudio de Zeuzem [52] tiene como grupo control el ensayo clínico de registro del interferón pegilado alfa-2b publicado por Manns 5 años antes [49]. El estudio de Jensen[53] es un análisis *post hoc* del estudio aleatorio de Hadziyannis [47] con tiempo y dosis de Ribavirina variables.

Por último, el estudio de Ferenci [54] que no ha sido publicado, sino sólo comunicado en la European Association of the Study of the Liver (EASL) 2006, no tenía grupo control. La ventaja es que en los 3 estudios, aunque emplearon diferentes tipos de interferón pegilado, usaron la misma dosis de Ribavirina. En cambio, el límite de ARN-VHC para definir si el paciente había o no alcanzado la RVR fue distinto (< 29 UI/ml [51] y < 50 UI/ml [52,53]), lo que puede condicionar los resultados, al incrementar las recidivas si el test es menos sensible.

En el estudio de Zeuzem [52] sólo se seleccionaron los pacientes con carga viral basal baja menor de 600000 UI/ml, ya que lógicamente los de alta carga viral basal tienen menos posibilidades de alcanzar la RVR, y por consiguiente, la RVS. Llama la atención el alto porcentaje de RVR en este estudio (47%), comparado con las tasas alcanzadas en los otros 2 estudios (24 y 28 %). A su favor está que sólo se incluyeron pacientes con una carga viral basal (CVB) menor de 600000 UI/ml, y en su contra que usaron un test más sensible para definir la RVR.

El aspecto más destacable de los 3 estudios es que la RVS fue muy alta en pacientes que alcanzaron la RVR con sólo un tratamiento de 24 semanas, en lugar de las 48 semanas (84-89%). En cambio sólo un 25% de los pacientes que no presentaron una RVR alcanzaron la RVS. Entre un 15-20% de los pacientes con genotipo 1 se podrían beneficiar de un tratamiento con biterapia reducida de 24 semanas (más corto), reduciéndose el coste y los efectos secundarios.

Hasta el 2011 el tratamiento de la infección crónica por VHC se basaba en la combinación de interferón pegilado + Ribavirina (biterapia o terapia dual), con la que se obtenían unas tasas de RVS inferiores al 50% en genotipo 1 [55-57]. En la última década, la terapia antiviral que había disponible (biterapia) consiguió reducir la incidencia acumulada de cirrosis en torno al 7% y un 3.4% la muertes relacionadas con la enfermedad hepática en los países de Europa Occidental [58].

El lanzamiento de la primera generación de inhibidores de la proteasa (IP), Boceprevir y Telaprevir, en combinación con la terapia dual (interferón pegilado + Ribavirina) en 2011, han incrementado las tasas de

RVS en aproximadamente un 30% respecto a las tasas obtenidas sólo con biterapia, alcanzando unas tasas de curación virológica del 63% con Boceprevir (estudio SPRINT-2) [59] y del 75% con Telaprevir (estudio ADVANCE) [60], en pacientes previamente no tratados (naïve) con genotipo 1.

El beneficio de este avance ha sido incluso mayor en los pacientes que habían sido previamente tratados con biterapia, sin alcanzar la RVS, obteniéndose un incremento de las tasas de curación virológica comprendida entre un 50-60% en recidivantes o relapsers (aquellos pacientes que tras alcanzar la indetectabilidad viral durante la biterapia, a los 6 meses de haberlo finalizado reaparece el virus con ARN-VHC detectable de nuevo).

Este beneficio suponía entre un 40-45% más en respondedores parciales o virológicos lentos (pacientes que presentan viremia detectable al 6° mes de terapia dual), siendo menor el beneficio en los respondedores nulos o null-responders (que son pacientes que a las 12 semanas de biterapia la reducción virémica alcanzada es inferior a los 2 $\log_{10}$ respecto a la CVB), destacando los estudios RESPOND-2 y REALIZE [61,62].

Estos últimos son los pacientes que presentan una sensibilidad al interferón más reducida. Sin embargo, aunque su aparición ha supuesto un importante avance en la Hepatología, son combinaciones farmacológicas no exentas de riesgos y complicaciones, suponiendo además, un incremento de los costes respecto a la biterapia, así como la presencia de resistencias e interacciones farmacológicas.

3.6. FACTORES PREDICTIVOS DE RESPUESTA

Los factores pronósticos de respuesta terapéuticas giran en torno a tipos: a) factores relacionados con el virus; b) factores relacionados con el huésped y c) factores cinéticos virológicos durante el tratamiento.

Entre los factores relacionados con el virus destacamos el genotipo viral, la carga viral basal (CVB), diversidad de las cuasiespecies, duración de la infección, mutaciones a nivel de la región NS5A, coinfección con VHB o VIH.

Entre los factores relacionados con el huésped destacamos el grado de fibrosis hepática, resistencia insulínica, esteatosis hepática, obesidad, edad, la edad de adquisición de infección, sexo, consumo de alcohol, sobrecarga férrica, factores genéticos (polimorfismos genéticos), índice de masa corporal, aclaramiento de creatinina, raza, valor basal de IP-10.

Entre los factores cinéticos virológicos destacamos las diferentes reglas de parada (ausencia de respuesta virológica precoz, viremia residual a las 24 semanas en biterapia), la presencia de respuesta virológica rápida (RVR) o indetectabilidad viral a las 4 semanas de biterapia.

A continuación entraremos en detalle con cada uno de ellos. Se han descrito 6 genotipos virales, con una distribución geográfica mundial bien definida. En nuestro país se encuentran pacientes con genotipos 1, 2, 3 y 4. El genotipo 1 del VHC es causantes del 60-85% de las infecciones de Occidente. Al principio los pacientes fueron clasificados como genotipo 1 frente al genotipo no 1, pero finalmente se ha comprobado que la sensibilidad a la biterapia es similar entre pacientes con genotipo 1 y 4, y la de éstos es muy diferente a la de los pacientes con genotipo 2 y 3.

El genotipo del VHC es el factor viral más importante, y define la duración del tratamiento y la dosis necesaria en biterapia de Ribavirina. En pacientes con genotipo 1 la posibilidad de curación es del 51% cuando reciben tratamiento combinado con interferón pegilado alfa-2a (180 mcg semanales) y Ribavirina (1000-1200 mg/día) durante 48 semanas, en cambio, las posibilidades de curación son del 78% en pacientes con genotipo 2 y 3 tratados durante 24 semanas con interferón pegilado más dosis de 800 mg/día de Ribavirina.

Los motivos de esta diferente sensibilidad al interferón según los genotipos no se conocen bien. Se ha informado que el genotipo 1 es distinto de los genotipos 2 y 3 en los sitios de corte de la ribonucleasa L, encargada de degradar el ARN viral. Además, una región de 12 aminoácidos de la proteína E2 del virus C genotipo 1 presenta una intensa homología con el factor de iniciación que permite al actividad la proteína PKR, lo que haría que el genotipo 1 fuese más resistente al efecto antiviral del interferón que los genotipos 2 y 3 [63].

Es importante destacar que las diferencias por genotipos persisten incluso cuando se utilizan antivirales de acción directa como son los inhibidores de la proteasas de primera generación, aunque en estos casos los pacientes con genotipo 1 presentan mayor sensibilidad a estas moléculas que los pacientes con genotipo 2 o 3.

La carga viral basal (CVB) o viremia basal se ha considerado durante años un factor pronóstico de respuesta al tratamiento. No obstante, ciertas dificultades metodológicas y la variabilidad entre laboratorios hicieron que en numerosos trabajos quedase excluida como variable independiente de respuesta. El principal problema de la cuantificación del ARN del virus C radicaba en la falta de estandarización de las técnicas para su determinación, lo que se acompañaba de resultados distintos entre laboratorios.

El desarrollo de la reacción en cadena de la polimerasa en tiempo real (PCR) ha permitido eliminar esta variabilidad intra e interensayo y, al mismo tiempo, ha descendido el umbral de detección, lo que da mayor valor y utilidad a la cuantificación de la viremia, tanto como factor pronóstico de respuesta basal durante el tratamiento como en cuanto herramienta de confirmación de la curación de la enfermedad tras el tratamiento exitoso.

En el momento actual, se acepta que la existencia de una alta carga viral basal (CVB > 800000 UI/ml) condiciona una peor respuesta que la de una CVB baja. Aunque también se ha elegido otro punto de corte distinto en otros estudios, al considerarse que mejor discrimina una carga viral elevada y baja (probabilidad de respuesta del 30 y el 65% con biterapia, respectivamente) en pacientes con genotipo 1 equivale a aproximadamente a 400000 UI/ml [64].

En cuanto a las cuasiespecies virales y duración de la infección tenemos que decir que debido a su elevada tasa de replicación y escasa fidelidad de copia de su ARN polimerasa, cualquier paciente infectado por el VHC es portador de una población heterogénea de variantes genómicas a la que se denomina cuasiespecies. La diversidad y la complejidad de ésta aumentan con el tiempo y la presión ejercida por la respuesta inmunitaria del huésped.

Una mayor complejidad de las cuasiespecies se asocia con una peor respuesta terapéutica, aunque los estudios están limitados por la región genómica estudiada (generalmente la proteína E2) y la técnica empleada para estimar la complejidad. Donde mejor se aprecia el valor pronóstico de la diversidad viral es en los extremos de duración de la infección (aguda frente a larga duración con hepatopatía avanzada).

El hecho de que la tasa de RVS tras 6 meses de tratamiento con interferón pegilado sea aproximadamente del 90% en pacientes con infección aguda, independientemente de la carga viral y el genotipo [65], se debe a la homogeneidad de las cuasiespecies que limitan el número de variantes capaces de interferir la respuesta al interferón y/o esquivar la respuesta inmune adaptativa.

En otro extremo, la complejidad de las cuesiespecies en pacientes con fibrosis avanzada se ha demostrado como una variante predictiva independiente de la respuesta [66]. Las mutaciones en las regiones que codifican NS5A y core, se han asociado con la respuesta antiviral. En la primera, se describió inicialmente una zona (ISDR) en la que la acumulación de mutaciones con respecto a la secuencia prototipo del genotipo 1 se asociaba con una mejor respuesta y, posteriormente se amplió a todo la zona que interacciona con PKR (PKRBD) y al extremo carboxi-terminal V3.

Aunque hay notables diferencias geográficas en el valor pronóstico de esta variable, y además ésta se asocia con una menor carga viral, es probable que las variaciones en la secuencia de NS5A, proteína que interfiere a distintos niveles con el efecto del interferón, influyan en la respuesta al tratamiento en los pacientes infectados por el VHC genotipo 1 [67]. También se ha descrito que la presencia de 2 cambios de aminoácidos, con respecto a la secuencia prototipo, en la proteína del core (posiciones 70 y 91) se han asociado de forma independiente con peores tasas de RVS en pacientes japoneses infectados con genotipo 1b [68].

Los primeros elementos que nos pueden orientar para establecer el momento evolutivo de la infección crónica por virus C son los hallazgos en la biopsia hepática que nos informa en la muestra histológica del estadio o grado de fibrosis (espacio recorrido por el enfermo desde un hígado normal hasta la cirrosis establecida) y el grado de actividad necrótica inflamatoria (la velocidad a la que está progresando la lesión). Teóricamente con estos dos parámetros sería muy fácil establecer el tiempo que tardará el enfermo en desarrollar una cirrosis, si no existieran importantes determinantes.

El primero de ellos se refiere a la representatividad relativa del grado de fibrosis obtenido en la biopsia en relación con la fibrosis global del hígado. El segundo de los determinantes es que la cuantificación de la fibrosis es una variable discreta y no continua. Los pacientes cirróticos tienes tasas de respuesta virológica sostenida claramente inferiores en la mayoría de los regímenes terapéuticos empleados con interferón.

Mientras que las tasas de respuesta eran de tan sólo un 8% en pacientes tratados en monoterapia con interferón estándar, ésta solo era de un 30% cuando se empleaba el pegilado también en monoterapia [69]. Los mecanismos por los que la fibrosis provoca una menor actividad antiviral del interferón podrían ser los siguientes:

a) La cirrosis se asocia a un incremento de la resistencia a la insulina y, ésta a su vez puede ser responsable de resistencia al interferón.

b) La activación de la célula estrellada se acompaña de una alteración del repertorio de citocinas como el factor de necrosis tumoral (TNF) y el factor transformador de crecimiento beta (TGF-beta), que pueden condicionar resistencia al interferón.

c) El tiempo de evolución de la enfermedad, ya que la complejidad viral se acentúa con el paso del tiempo y la capacidad de evadir el sistema inmune y bloquear el efecto antiviral del interferón podría aumentar, lo que explicaría la alta tasa de curación en pacientes con hepatitis aguda en comparación con enfermedades de larga duración.

d) La presencia de una mayor fibrosis como consecuencia de una pérdida del parénquima hepático funcional, así como de la arquitectura vascular sinusoidal más atrofiada y escasa en los pacientes cirróticos, probablemente condicione una menor biodisponibilidad y accesibilidad de los fármacos antivirales administrados, que hacen que los efectos terapéuticos en estos pacientes sean más limitados.

Cuanto más joven es el paciente, mayor es la posibilidad de respuesta. La correlación no es lineal, cuando hay otros cofactores, pero una edad menor de 40 años se ha identificado como factor pronóstico independiente de RVS.

Las mujeres tienden a responder mejor que los varones, especialmente las más jóvenes, lo que indica un posible papel de los estrógenos en la mejor respuesta.

Otros factores, como un menor índice de masa corporal (IMC), podrían desempeñar un papel. De hecho, el sexo no se ha confirmado como factor pronóstico independiente en varios ensayos de registro sobre terapia antiviral dual. Numerosos estudios han demostrado que la obesidad, el IMC, la presencia de esteatosis hepática o esteatohepatitis, y la resistencia insulínica se asocian con una peor respuesta al tratamiento.

El peso corporal carece de valor pronóstico cuando la Ribavirina se administra en función de éste. No ocurre lo mismo con la obesidad central, el IMC, la esteatosis y la resistencia insulínica, variables a menudo coincidentes, asociadas o no a esteatohepatitis no alcohólica. El mecanismo de resistencia terapéutica no está claro.

En algunos pacientes la obesidad conllevaría un desequilibrio en la producción de adipocitocinas (aumento del factor de necrosis tumoral alfa (TNF-α), e Interleucina 6, leptina y disminución de adiponectina, que inhibiría la acción del interferón, interfiriendo la señalización intracelular Jak-STAT.

En otros pacientes, incluidos los no obesos, la propia infección por el VHC, especialmente el genotipo 1, induce una resistencia insulínica (por sobreexpresión del TNF-α y SOCS 3, que disminuyen la fosforilación del receptor e interfieren sobre las vías de señalización comunes), lo que causaría a su vez esteatosis, estrés oxidativo y disminución de la respuesta al interferón exógeno [70].

Diversos estudios han identificado la resistencia insulínica, estimada mediante el índice HOMA-IR (insulinemia basal [μU/ml] x glucemia basal [mg/dl / 18] / 22.5), como factor predictivo independiente de respuesta al tratamiento con biterapia antiviral [71].

Camma et al analizó en 291 pacientes no diabéticos, con una biopsia hepática de tamaño óptimo, el impacto de la esteatosis metabólica, la resistencia insulínica y la obesidad (IMC > 30 kg/m²) y observó una estrecha relación entre la resistencia insulínica y la esteatosis, siendo la esteatosis la que de forma independiente se asoció a posibilidad de curación [72].

La existencia de estudios aislados sobre la influencia negativa de la sobrecarga férrica adquirida o genética en la lesión producida por el virus C ha permitido establecer la hipótesis de si esta sobrecarga del metal explicaría la diferente progresión de la enfermedad. La evolución de la infección por virus C en los enfermos sometidos a inmunosupresión, fundamentalmente trasplantados de órganos, muestra una evolución más agresiva y esto se hace todavía más evidente en los enfermos trasplantados hepáticos, donde también influye la edad del donante del hígado.

Los genes implicados en la modulación de la respuesta al tratamiento se pueden dividir en 2 grupos: los genes reguladores de la acción antiviral de interferón y los genes reguladores de la respuesta inmune. En cuanto a los primeros, el polimorfismo consistente en la aparición de una T en lugar de A en la posición -88 se asocia a una mayor actividad de la proteína MxA; así en aquellos individuos con CVB baja, la RVS al interferón fue del 62% en pacientes -88T, frente al 36% en pacientes -88A.

En cambio, el polimorfismo que conduce al genotipo GG en la región 3´ UTR del gen de la 2´-5´-OAS no se ha relacionado con la posibilidad de respuesta al interferón. Un polimorfismo consistente en la repetición de 3 nucleótidos en el gen de la PKR, clasificado como corto cuando las repeticiones son inferiores a 9 y como largo cuando son superiores a 9, se han asociado con la RVS, de forma que la frecuencia de un polimorfismo largo/largo (homocigoto) es mayor en pacientes con RVS (89.4%) que en no respondedores (71.8%).

De todos estos estudios con variables genéticas, el que ha supuesta una auténtica revolución por su impacto tanto en investigación como en práctica clínica fue el hallazgo realizado por Ge et al y publicado en Nature en 2009 de un polimorfismo genético íntimamente relacionado con las tasas de RVS y mecanismos metabólicos como son las concentraciones plasmáticas de colesterol y LDL-colesterol basales y la presencia de esteatosis hepática y su severidad.

Se trata del polimorfismo genético de la Interleucina 28b (IL-28B), localizado mediante técnicas de GWAS (estudios de asociación genómica) en el cromosoma 19q13 (rs12979860), el cual codifica para el interferón-gamma-3 [73].

En este estudio se analizaron una cohorte de 1137 pacientes pertenecientes al estudio IDEAL [74], demostrándose que aquellos pacientes que eran portador de un genotipo IL-28B favorable (CC) tenían unas posibilidades de alcanzar la RVS significativamente mayores que aquellos que tenían un genotipo IL-28B desfavorable (CT o TT).

A partir de la secuenciación del genoma humano en el año 2003 se han producido una gran cantidad de estudios sobre enfermedades frecuentes mediante la secuenciación del genoma de muestras de pacientes y controles y así obteniendo un mapa genético de alta densidad. La fuente de marcadores obtenidos, como las mutaciones únicas de nucleótidos o SNP se emplean como herramientas bioinformáticas para detectar variación respecto a la normalidad.

Posteriormente, Suppiah et al [75] y Tanaka et al [76] identificaron la variante rs 8090917. Thomas también observó que la variante observada por Ge et al se relacionaba con mayores tasas de aclaramiento viral espontáneo (AVE) [77]. Los interferones λ, que incluyen el interferón λ1, el interferón λ2 y el interferón λ3, también denominados IL-29, IL28A e IL-28B constituyen un nuevo grupo de citoquinas emparentadas a distancia con los miembros de la familia interferón y la Interleucina 10. La señalización de los interferones- λ, a través de sus receptores se encargan de activar la ruta Jak-STAT y MAPK para inducir la respuesta antiviral, antiproliferativa, inmune y antitumoral.

Las quimioquinas y citoquinas constituyen biomarcadores predictores independientes de respuesta al tratamiento antiviral como moduladores de la inmunidad e inflamación en la hepatitis crónica C. Varios estudios han demostrado que la proteína 10 inducible por el interferón γ (CXCL10 o IP-10) se ha comportado como un marcador pronóstico de respuesta al tratamiento en la infección crónica por VHC genotipo 1 [78-81].

Valores elevados pretratamiento de IP-10 se han correlacionado con ausencia de respuesta al tratamiento con terapia dual. Valores pretratamiento de IP-10 mayor de 600 pg/ml es un biomarcador predictivo de ausencia de respuesta al tratamiento con biterapia con una valor predictivo positivo (VPP) de un 69% y un valor predictivo negativo (VPN) del 67% [82].

El receptor de la IP-10 (CXCR3) está sobreexpresado en los linfocitos de pacientes con hepatitis crónica C, constituyendo los hepatocitos la fuente predominante de la producción de IP-10 en pacientes con hepatitis crónica C. Mientras que los niveles intrahepáticos de IP-10 se correlacionan con la necroinflamación y grado de fibrosis hepática en la infección crónica por VHC, su papel en el aclaramiento viral es más desconocido.

Es conocido que los pacientes que presentan una expresión menor de los genes estimulados por el interferón (ISG) han mostrado una respuesta mayor al interferón administrado exógenamente y mayores tasas de RVS. Por el contrario, aquellos que presentan una expresión pretratamiento de estos genes tienen una mayor refractariedad a los efectos terapéuticos del interferón. Por tanto, unos niveles elevados de IP-10 podrían constituir un marcador de este estado de refractariedad.

El aclaramiento de creatinina es un factor que juega un papel relevante definiendo las concentraciones plasmáticas de Ribavirina que alcanzarán los pacientes tratados con biterapia, fármaco que modula la tasa de recidiva en los pacientes [83]. Los pacientes que presentan un aclaramiento de creatinina elevado se han asociado a mayores tasas de fracasos terapéuticos. Por otro lado, la monitorización de las concentraciones plasmáticas de Ribavirina al mes de haberse iniciado la terapia se ha considerado un factor que podría mejorar las tasas de RVS y RVR en pacientes tratados con biterapia [84].

La cinética viral durante el tratamiento antiviral es uno de los factores que mejor reflejan las posibilidades de los pacientes para alcanzar la RVS o no. Se observó que los sujetos que negativizaban el ARN-VHC en las primeras 4 semanas de biterapia tenían probabilidad muy elevada de alcanzar la RVS. Este tipo de respuesta se denominó respuesta virológica rápida (RVR). Existen varios estudios afirman que un acortamiento del tratamiento a 24 semanas es tan eficaz como la duración de 48 semanas en pacientes con genotipo 1 que alcanzar la RVR.

Ferenci et al [85] realizaron un análisis retrospectivo de varios estudios que ponía de manifiesto que cuanto más precoz era la negativización de la viremia, mayor era la probabilidad de alcanzar la RVS. En 2006 Zeuzem et al [52] observó que se alcanzaron unas tasas del 89% en pacientes con genotipo 1, CVB menor de 600000 UI/ml y presencia de RVR con sólo una duración de 24 semanas de tratamiento con interferón pegilado y Ribavirina. Por el contrario, aquellos pacientes sin RVR, esta biterapia reducida supuso un incremento de la tasas de recidivas. El valor predictivo positivo de la RVR oscila entre el 86-91%.

Jensen et al [86] analizó el efecto de la RVR en la tasa de RVS en pacientes con genotipo 1 procedentes de varios ensayos clínicos: la tasa de RVS fue elevada en los respondedores rápidos, independientemente de recibir tratamiento con dosis bajas de Ribavirina o dosis estándar, o de si eran tratados durante 24 o 48 semanas. En este estudio, el factor más importante asociado a RVR fue la presencia de una CVB menor de 400000 UI/ml. En resumen, los pacientes con genotipo 1 y CVB baja que alcanzan además una RVR obtienen el mismo beneficio con el tratamiento de 24 semanas que con el estándar de 48 semanas.

Igual que es un factor clave la cinética viral durante la biterapia, también sigue manteniendo su importancia en los regímenes terapéuticos basados en triple terapia de primera generación (Boceprevir o Telaprevir), que son antivirales de acción directa que inhiben la proteasa NS2/NS3A.

En ensayo SPRINT-2 en el que se asociaba Boceprevir a biterapia (interferón pegilado + Ribavirina) en pacientes naïve (previamente no tratados) que alcanzaban una reducción virémica inferior a un 1 $\log_{10}$ UI/ml respecto a la CVB que presentaba el paciente en genotipo 1 durante la fase de lead-in (1° mes de biterapia antes de iniciar la triple terapia) presentaban una tasas de RVS significativamente inferiores (sólo 33-34%) comparada con los sujetos que en la semana 8 habían alcanzado la indetectabilidad viral en la semana 8 (RVS de 86-88%).

En el ensayo REALIZE cuando se analizó la cinética viral de los pacientes que no había respondido a biterapia previa con una reducción de la viremia inferior a los 2 $\log_{10}$ UI/ml sólo con biterapia (respondedores nulos o null responders), si éstos presentaban una reducción durante la fase de lead-in de al menos 1 $\log_{10}$ UI/ml, la tasa de RVS alcanzada con triple terapia con Telaprevir era de un 54% frente a sólo un 15% en aquellos pacientes que durante la fase de lead-in la reducción virémica alcanzada en la semana 4 era inferior a 1 $\log_{10}$.

Las reglas de parada que se han empleado en triple terapia con Telaprevir es la presencia de más de 1000 UI/ml en las semanas 4 y 12 de tratamiento (Ensayos ADVANCE e ILLUMINATE). La reglas de parada para la triple terapia con Boceprevir es la presencia de 100 UI/ml en la semana 12, la ausencia de una reducción virémica en la semana 8 de al menos 3 log_{10} UI/ml respecto a la basal y la presencia de detectabilidad viral en la semana 24, tanto para Boceprevir como Telaprevir.

Estas reglas de paradas permite evitar continuar con terapias antivirales que van a resultar ineficaces para curar estos pacientes, evitando así, someter a estos pacientes a efectos secundarios, que en algunas ocasiones pueden ser graves: anemización severa que precise incluso transfusiones, el empleo de estimuladores de eritrogenesis, el riesgo de infecciones, presencia de descompensaciones hepáticas, reacciones cutáneas graves (Telaprevir), incluso de muertes directamente relacionadas con el tratamiento.

Su aplicación en la práctica clínica permiten, además, un ahorro económico de recursos, que pueden ser empleados para tratar a otros pacientes con criterios más favorables a priori para curarse.

Existen subgrupos de pacientes que pueden presentar, por tanto, elevadas tasas de RVS con sólo biterapia, especialmente aquellos con CVB baja (RVS de un 65%), o fibrosis escasa, así como presentar una RVR. Los factores predictores basales para alcanzar la RVR fue la presencia de un genotipo viral 2 o 3, la edad joven, una CVB baja y la ausencia de fibrosis avanzada.

La eficacia de la RVR en predecir la RVS se ha confirmado en los estudios en fase 3 de Telaprevir Y Boceprevir. En efecto, en el estudio ADVANCE, la RVS obtenida en el grupo de pacientes tratados sólo con biterapia que alcanzaron la RVR extendida (RVRe: indetectabilidad viral tanto en la semana 4 como 12) fue del 97%, similar a la observada en los grupos de pacientes con RVRe tratados con Telaprevir.

Por otra parte, en el estudio SPRINT-2, al analizar los subgrupos con RVR, no se observaron diferencias significativas en las tasas de RVS según los pacientes hubiesen sido tratados con la terapia estándar (interferón pegilado + Ribavirina) o con triple terapia que incluía Boceprevir (86% versus 89% y 91%, respectivamente). Así pues, en los pacientes con genotipo 1 que consiguen una RVR, las probabilidades de alcanzar la RVS son muy altas (cercanas al 90%).

Es posible, además, que en los pacientes previamente no tratados e infectados por el genotipo 1 que consiguen una RVR y que presentan una CVB baja (menor de 400000 UI/ml), la duración del tratamiento pueda reducirse a 24 semanas en lugar de las 48 semanas habituales, sin que ello signifique reducir las posibilidades de lograr la RVS [87].

Estos resultados se confirmaron en un estudio con 233 pacientes naïve no cirróticos genotipo 1 que presentaban una baja CVB (menor de 600000 UI/ml), que fueron tratados con un lead-in con biterapia. Un 48% de estos pacientes alcanzaron la RVR, los cuales fueron aleatorizados a recibir 20 semanas más con biterapia estándar frente a otro grupo que serían tratados con triple terapia con Boceprevir durante 24 semanas más.

La tasa de RVS fue similar en ambos grupos (88% frente a un 90%), independientemente del subgenotipo viral, genotipo de la IL-28B o raza que presentara el paciente. La seguridad fue similar con una tasa de acontecimientos adversos similar, unas necesidades de reducción de Ribavirina similares (33% en ambos grupos) y necesidad de discontinuar tratamiento (8% frente a 6%).

Estos resultados indicaban que el añadir un inhibidor de la proteasa a la biterapia estándar no suponía un incremento de la eficacia, incluso con biterapia reducida si el paciente era un genotipo 1 no cirrótico con baja carga viral basal y había alcanzado al mes una RVR [88].

3.7. ALGORITMOS TERAPEÚTICOS EN HEPATITIS CRÓNICA C

En 2011 se publicaron diferentes estudios con inhibidores de proteasa (Boceprevir y Telaprevir) lo que ha supuesto un incremento significativo de la eficacia de los tratamientos, al conseguir incrementar la tasa de respuesta viral sostenida (RVS) en torno a un 25-30% respecto a los resultados obtenidos sólo con la terapia estándar.

Este aumento de la eficacia ha beneficiado tanto a pacientes naive como a los pacientes que no respondieron previamente a biterapia. Además, en el 40-60% de los pacientes naive es posible un acortamiento de la terapia. Sin embargo, la triple terapia se ha asociado a ciertos efectos indeseables.

En primer lugar, se ha observado que estos tratamientos se asocian a la presencia de exantema cutáneo (Telaprevir) que hasta en un 5% de los casos podría ser grave, de anemia (Telaprevir y Boceprevir) o de disgeusia (Boceprevir). Por otro lado, la ausencia de respuesta a la triple terapia se asocia, de manera casi universal, al desarrollo de mutaciones que confieren resistencia al antiviral.

Estas resistencias, aunque parece que desaparecen de manera progresiva, tienen, a día de hoy, un significado incierto. No existe ningún estudio que valore la sensibilidad a la exposición posterior de estos pacientes a otros antivirales de la misma familia.

La Agencia Española de Medicamentos y Productos Sanitarios (AEMPS) ha elaborado unas recomendaciones con el objetivo de armonizar los criterios que deberían cumplir los pacientes candidatos a un acceso precoz a cualquiera de estos dos fármacos, y facilitar asimismo las garantías de equidad en el acceso (figura 3).

Para la elaboración de estas recomendaciones se ha consultado a un grupo de expertos en el manejo de la hepatitis C crónica en tres grupos fundamentales de pacientes: monoinfectados por VHC, coinfectados con VIH y trasplantados hepáticos.

Figura 3. Algoritmo terapéutico de la Agencia Española del Medicamento y Productos Sanitarios (AEMPS) para pacientes con hepatitis crónica C naïve genotipo 1.

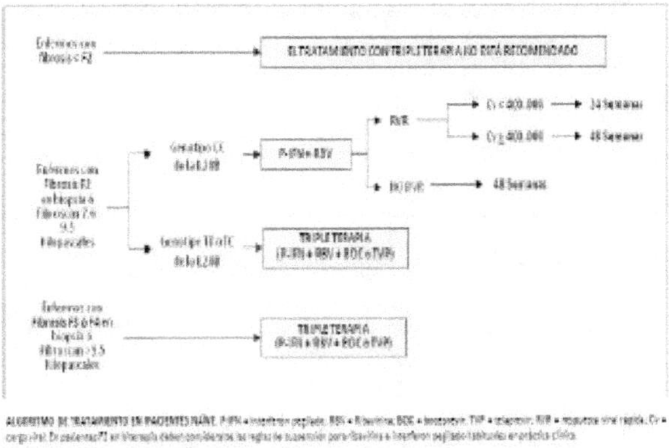

F2 (fibrosis F2); F3 (fibrosis en puentes); F4 (cirrosis hepática); P-IFN (interferón pegilado); RBV (Ribavirina); BOC (Boceprevir); TVP (Telaprevir); IL28B (genotipo de la Interleucina 28b); CV (carga viral basal); RVR (Respuesta Virológica Rápida).
Fuente: Agencia Española del Medicamento y Productos Sanitarios. http://www.aemps.gob.es/medicamentosUsoHumano/informesPublicos/docs/criterios-VHC-monoinfectados_28-02-12.pdf

En los pacientes monoinfectados por el VHC genotipo 1con fibrosis F0-F1 o un score en Fibroscan inferior a 7.6 kilopascales (KPa) no se considera indicado el tratamiento con triple terapia de 1ª generación (Boceprevir o Telaprevir en combinación con biterapia estándar). En caso de que se considere indicación de tratamiento antiviral con F2 (score en Fibroscan entre 7.6 y 9.5 KPa), serán tratados con terapia dual (interferón pegilado + Ribavirina ajustada a peso) durante 48 semanas.

La duración del tratamiento antiviral podrá acortarse a 24 semanas (biterapia reducida) en caso de que el paciente presente un genotipo de la IL-28B favorable (CC), una CVB menor de 400000 UI/ml y no sea un paciente cirrótico y haya presentado la indetectabilidad viral en la semana 4 de biterapia (presencia de RVR). Si el paciente naïve tiene un grado de fibrosis F2, F3 o F4 y presenta además un genotipo IL-28B desfavorable (CT o TT) tendrá indicación de triple terapia antiviral de 1ª generación (Boceprevir o Telaprevir asociados a la terapia dual).

En cuanto a los pacientes que han presentado un fracaso terapéutico (figura 4), con biterapia previamente (pacientes no respondedores previos), si presentan al menos un grado de fibrosis F2 podrán ser candidatos a triple terapia, en todos los casos de pacientes recidivantes (pacientes que con biterapia alcanzaron la indetectabilidad viral durante todo el tratamiento y al suspenderla se volvió a hacer detectable el virus).

También serían candidatos a triple los pacientes respondedores parciales (viremia detectable con biterapia a las 24 semanas de haber iniciado el tratamiento) si tienen al menos un grado de fibrosis F2.

Serían candidatos a triple, sólo aquellos pacientes respondedores nulos o null responders (sujetos, que al 3° mes de biterapia, no consiguieron alcanzar un descenso virémico de al menos 2 log_{10} UI/ml respecto a la viremia basal, si cuando son sometidos a un lead-in con biterapia antes de iniciar la triple con Boceprevir o Telaprevir, presentan un descenso de la viremia respecto a la basal de al menos 1 log_{10} UI/ml. En caso contrario, será mejor esperar a triple terapia de 2ª generación más potentes (biterapia asociada a Sofosbuvir, Simeprevir o Faldaprevir).

Figura 4. Algoritmo terapéutico de la Agencia Española del Medicamento y Productos Sanitarios (AEMPS) en los pacientes con hepatitis crónica C genotipo 1 previamente tratados.

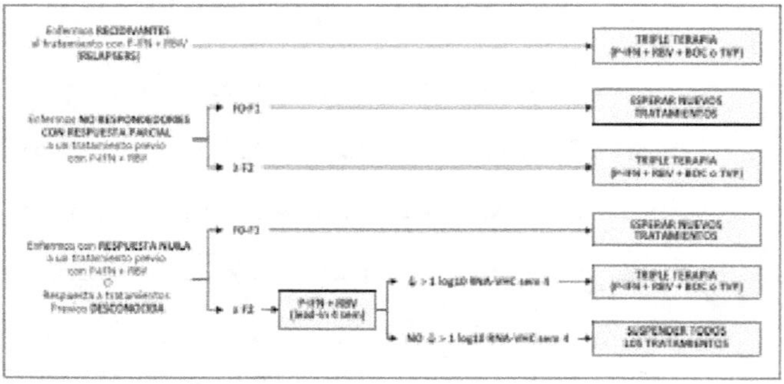

ALGORITMO DE TRATAMIENTO EN PACIENTES PREVIAMENTE TRATADOS.

P-IFN (interferón pegilado); RVB (Ribavirina); F0-F1 (fibrosis ausente o mínima); BOC (Boceprevir); TVP (Telaprevir); Relapsers (Recidivantes); log_{10} (logaritmo decimal); RNA-VHC (carga viral o viremia); sem (semana).

Fuente: Agencia Española del Medicamento y Productos Sanitarios). http://www.aemps.gob.es/medicamentosUsoHumano/informesPublicos/docs/criterios-VHC-monoinfectados_28-02-12.pdf

3.8. TERAPIAS ANTIVIRALES

3.8.1. INTERFERÓN PEGILADO + RIBAVIRINA

La biterapia estándar basada en interferón pegilado + Ribavirina era la terapia única disponible durante la última década del siglo XX, hasta que en

2011 se aprobaron los antivirales de acción directa (AAD). Las tasas de interferón pegilado alfa-2a en combinación con Ribavirina oral según peso (1000 mg/día si su peso es inferior a 75 kg o 1200 mg/día si su peso corporal es mayor o igual a 75 kg).

Se recomienda tomar la Ribavirina no en ayunas para mejorar su absorción. Se deben tomar medidas anticonceptivas de doble barrera mientras los pacientes reciban regímenes terapéuticos basados en Ribavirina, pues se ha demostrado teratogenicidad, durante todo el tratamiento y 6 meses después de haberla suspendido.

Los pacientes son informados de los efectos secundarios producidos por ambos fármacos, destacando la presencia de astenia, anorexia, pérdida de peso, trastornos psiquiátricos como ansiedad o depresión, trastornos tiroideos, trastornos hematológicos (anemia que puede ser mixta por el interferón por depresión medular o hemolítica secundaria a la Ribavirina; leucopenia, neutropenia y plaquetopenia, secundarios al interferón).

También puede producirse afectación retiniana y de la disminución de la agudeza visual. Otro efecto secundario producido por la Ribavirina son reacciones cutáneas, sequedad de piel y tos. Los efectos secundarios son responsables de que los clínicos tengan que realizar reajuste de la dosis tanto de interferón como de Ribavirina, reduciendo las dosis respecto a la dosis con la que iniciaron el tratamiento, que normalmente debe ser de forma escalonada para no impactar en las tasas de RVS.

En caso del interferón alfa-2a la reducción debe ser progresiva y escalonada bajando inicialmente a 135 mcg/sc/semanal y si es precisa nueva reducción a 90 mcg/sc/semanal. En el caso de la Ribavirina si esta precisa ser reducida, debe realizarse con reducciones de 200 mg., intentando que en biterapia sea reducida lo menos posible y en triple terapia como mucho no superar el 50% de la dosis con la que inicialmente comenzó el tratamiento.

Las reducciones de la dosis de Ribavirina en triple terapia no son tan relevantes como ocurre en biterapia, donde la tasa de recidiva se incrementa conforme esta se reduce. En caso de anemia que no responde con reducción de la dosis de Ribavirina es posible el inicio de estimuladores de la eritropoyesis (Epoetina alfa a dosis de 40000 UI/semanal), especialmente empleada en pacientes que durante el tratamiento la anemia es sintomática o alcanza un nivel de hemoglobina (Hb) inferior a 10 g/dl.

Si los pacientes presentan leucopenia, plaquetopenia o neutropenia asociada o no a fiebre, además de reducir el interferón de forma escalonada, los pacientes pueden ser tratados con estimuladores de colonias granulocíticas tales como el Filgastrim a dosis de 300 mcg/sc/semanal, generalmente con buena respuesta al tratamiento.

3.8.2. TRIPLE TERAPIA DE PRIMERA GENERACIÓN

3.8.2.1. BITERAPIA + BOCEPREVIR

Boceprevir (Victrelis, Laboratorio Merck), está indicado para el tratamiento de la infección crónica de la hepatitis C (HCC) de genotipo 1, en combinación con peginterferón alfa y Ribavirina (PR) en pacientes adultos con enfermedad hepática compensada que no han recibido tratamiento previamente o en los que ha fracasado el tratamiento previo. Boceprevir es un inhibidor de la proteasa NS3 del VHC.

Boceprevir se une de manera covalente, aunque reversible, a la serina del sitio activo de la proteasa NS3 (Ser139) mediante un grupo funcional (alfa)-cetoamida para inhibir la replicación vírica en las células anfitrionas infectadas por el VHC. La dosis recomendada de Boceprevir es 800 mg (4 caps.) administrados por vía oral tres veces al día con alimentos (una comida o un tentempié). La dosis diaria de Boceprevir es 2.400 mg.

Como reglas de parada para este régimen de triple terapia de 1ª generación tenemos las siguientes: independientemente del grado de fibrosis hepática, en caso de que el paciente presente en la semana 12 un ARN-VHC mayor de 100 UI/ml, se debe suspender la triple terapia, pues las posibilidades de curación son muy escasas. De igual forma, si el paciente en la semana 24, al igual como ocurría en biterapia presenta viremia detectable, debe también suspenderse la triple terapia.

Exclusivamente en los pacientes con fibrosis avanzada (Metavir F3-F4), aquellos pacientes que en semana 8 (1° mes de triple terapia con Boceprevir) tenga una viremia detectable con más de 1000 UI/ml, o bien haya presentado una caída de la carga viral respecto a la basal inferior a 3 log_{10} UI/ml, se recomienda suspender la triple terapia.

También debe ser suspendida en aquellos pacientes que habiendo conseguido la indetectabilidad viral o haya presentado una reducción de la viremia en semana 8 de al menos 3 log_{10} UI/ml, en el control virémico de la semana 12 no se haya mantenido la indetectabilidad o ésta no se haya conseguido.

La evidencia de la eficacia de Boceprevir se basa en 2 ensayos pivotales, uno que incluyó pacientes con HCC-1 que no habían sido tratados previamente (pacientes naïve, estudio SPRINT-2) [59] y otro con pacientes tratados previamente que no habían respondido a biterapia (estudio RESPOND-2) [61].

En ambos estudios los pacientes eran tratados antes de iniciar la triple terapia con Boceprevir, sólo con biterapia durante 4 semanas (periodo lead-in). Su cometido era que se alcanzaran unas concentraciones estacionarias tanto de Ribavirina como de interferón semanas y prevenir la aparición de mutaciones resistentes al Boceprevir al disminuir la carga viral. Además detectaría los pacientes con mayor riesgo potencial de desarrollar anemia una vez se iniciara la triple terapia.

En el ensayo SPRINT-2, se incluyeron 1099 pacientes distribuidos en 3 grupos (biterapia durante 48 semana, triple terapia guiada por la respuesta y triple terapia durante 48 semanas). En éste y otros estudios comparativos con biterapia, las tasas de RVS y RVR fueron superiores en los grupos que emplearon la triple respecto al grupo control tratado sólo con biterapia.

Mientras que en los pacientes naïve tratados con triple terapia con Boceprevir fue de un 63%, con biterapia sólo se alcanzaban unas tasas del 38%. En el estudio RESPOND-2, que incluyó 404 pacientes con HCC-1, que habían fracasado a biterapia (recidivantes y respondedores parciales), no incluyendo pacientes respondedores nulos. Se siguió el siguiente diseño, iniciando todos los grupos con una fase de lead-in con biterapia antes de iniciar la triple terapia con Boceprevir.

La RVS se alcanzó en un porcentaje significativamente superior de pacientes tratados con triple terapia con Boceprevir que en los de terapia estándar: mientras que las tasas de curación en los grupos tratados con triple terapia fue 66,5%, en el grupo con biterapia fue claramente inferior (21,3%).

Las mayores tasas de curación se alcanzaron con recidivantes (69-75%), seguidos de los respondedores parciales (40-52%), disminuyendo más en ambos grupos conforme el grado de fibrosis se incrementaba y si presentaban un genotipo 1a, siendo el colectivo con menor tasa de respuesta los respondedores parciales cirróticos. Las tasas de curación con triple terapia con Boceprevir no han sido tan buenas como las registradas en los ensayos pivotales en cirróticos que había fracasado a biterapia y que habían sido tratados en práctica real con Boceprevir.

Destacamos el estudio francés CUPIC [89] que incluyó 212 pacientes cirróticos con fracaso a biterapia y que fueron tratados con triple terapia con Boceprevir. Un 41% tenían un genotipo 1a, un 64% una CVB alta. La tasa de RVS global fue del 43% (en recidivantes de 54%, en respondedores parciales del 38% y 0% en respondedores nulos). La tasa de recidiva post-tratamiento fue del 15% e intratratamiento del 9%. La Agencia Española del Medicamento, en base a intratratamiento del 9%.

La Agencia Española del Medicamento, en base a los resultados de este último estudio, ha recomendado no tratar con triple terapia de 1ª generación (Boceprevir o Telaprevir) a aquellos pacientes con 100000 plaquetas/mm^3 y una albúmina basal inferior a 3,5 g/dl, ya que el riesgo potencial de complicaciones (descompensaciones hepáticas, infecciones, incluso muerte) es muy alto cercano al 50%. El coste de la triple terapia con Boceprevir es mayor que el que supuso la biterapia.

3.8.2.2. BITERAPIA + TELAPREVIR

Telaprevir (Incivo, Laboratorio Janssen), en combinación con peginterferón alfa y Ribavirina (triple terapia de 1ª generación), está indicado para el tratamiento de pacientes adultos con hepatitis C crónica (genotipo 1) con enfermedad hepática compensada, incluyendo cirrosis, que no han recibido ningún tratamiento previo (*naïve*) o que han recibido tratamiento previo con interferón alfa (pegilado o no pegilado) solo o en combinación con Ribavirina, incluidos pacientes recaedores, respondedores parciales o con respuesta nula.

El Telaprevir es un inhibidor de la proteasa de serina NS3-4A del VHC, una enzima esencial para la replicación del virus. La dosis recomendada de Telaprevir es 750 mg. (2 comprimidos) administrados por vía oral tres veces al día con alimentos (una comida o un tentempié).

La dosis diaria de Telaprevir es 2.250 mg. A pesar de que la dosis indicada en ficha técnica es de 750 mg. cada 8 horas, un estudio prospectivo, multicéntrico, aleatorizado y abierto, en fase II, con 161 pacientes naive, ha estudiado la dosis de 1.125 mg. (3 comprimidos) cada 12 horas [90].

El tratamiento triple, a diferencia de Boceprevir, no emplea lead-in, y en todos los casos, los 3 fármacos (Telaprevir + biterapia) van a ser administrados durante los 3 primeros meses de terapia, seguido de biterapia durante un tiempo variable, dependiendo de que se trate de un:

1) Sea cirrótico o no y de si presenta una respuesta virológica rápida extendida o no (la obtención de indetectabilidad durante todo el tratamiento a partir de la semana 4);
2) También, dependiendo de si se trata de paciente naïve o con un fracaso previo al tratamiento dependiendo del tipo de respuesta previa (recidivante, respondedor parcial o respondedor nulo).

Tiene menos reglas de parada que Boceprevir, siendo menos costo-efectivo, presentando 2: a) si el paciente tiene un ARN del VHC mayor de 1.000 UI/ml en la semana 4 o en la semana 12, suspender la pauta de los tres medicamentos y b) si el paciente tiene un ARN de VHC detectable confirmado en la semana 24 o 36, suspender todo el tratamiento.

La eficacia de Telaprevir en pacientes con hepatitis crónica C genotipo 1, se ha estudiado en 8 ensayos clínicos, en 3.594 pacientes: 5 estudios en pacientes naive y 3 en pacientes tratados previamente que no habían respondido al tratamiento. Los estudios en fase III son el ADVANCE, ILLUMINATE y REALIZE [62].

El ensayo ADVANCE [60], es un estudio en fase III, multicéntrico, aleatorizado de superioridad frente al tratamiento convencional de la HCC en pacientes naive, de tres brazos paralelos: peginterferon alfa- 2a más Ribavirina durante 48 semanas; frente a Telaprevir durante 8 o 12 semanas junto biterapia estándar hasta un total de 24-48 semanas, en función de la respuesta virológica rápida extendida (eRVR), es decir, carga viral indetectable a la semana 4 y 12.

La tasa de RVS a las 24 semanas fue de 75% para el grupo T12PR, 69% para T8PR y 44% para el grupo placebo. Además de que ambos tratamientos con Telaprevir fueron superiores al placebo ($p<0,001$), los pacientes que alcanzaron una eRVR (58%, 57% y el 8% respectivamente) acortaron su tratamiento de 48 a 24 semanas.

El ensayo ILLUMINATE es un estudio que evalúa la no inferioridad de la duración de biterapia de 24 semanas frente a 48 semanas, en pacientes naive con eRVR y tratamiento con 12 semanas de Telaprevir. De un total de 540 pacientes, el 72% de los pacientes presentaron RVR a la semana 4 y el 65% una eRVR (viremia indetectable en semanas 4 y 12). En este estudio se demostró la no inferioridad de la duración de 24 semanas en pacientes naive con eRVR. En cambio en el subgrupo de pacientes con cirrosis (F4), la diferencia en el porcentaje de RVS es favorable a la duración de 48 semanas (67% vs 92%), no encontrándose esta tendencia en el caso de pacientes F3 (95% vs 86%).

El estudio REALIZE, cuyo objetivo principal era evaluar la eficacia y pacientes no respondedores o respondedores parciales o con recaída en un tratamiento previo con biterapia. La proporción de pacientes con RVS fue significativamente superior en los dos grupos de Telaprevir respecto al seguridad de añadir el Telaprevir a la terapia convencional con biterapia en grupo control (65% vs 17%). La ventaja de añadir el Telaprevir a la biterapia, en determinados subgrupos de pacientes la RVS sigue siendo muy pobre, como es el caso de no respondedores con subtipo 1a (27%) y no respondedores con cirrosis (14%) [62].

Estos datos fueron confirmados en el estudio francés de práctica real (CUPIC) con pacientes cirróticos (F4) que no habían respondido previamente a biterapia. En él fueron sometidos a triple terapia con Telaprevir 299 pacientes cirróticos genotipo 1, de los que un 34% eran genotipo 1a y el 62% tenían una CVB alta. Las mayores tasas de RVS acaeció en recidivantes (74%), seguido por respondedores parciales (40%) ya de lejos por respondedores nulos (19%). La tasa de recidivas post-tratamiento fue similar a la registrada con Boceprevir (14%), presentando una tasa mayor de recidivas intratratamiento (18%) [89].

3.8.3. TRIPLE TERAPIA DE SEGUNDA GENERACIÓN

3.8.3.1. BITERAPIA + SIMEPREVIR

El Simeprevir o TMC-435 (Laboratorio Tibotec) [91] es un inhibidor de la proteasa NS3/4A del VHC, que en ensayos en fase IIa con una cápsula diaria de 150 miligramos demostró una potente actividad antiviral en los pacientes infectados con el genotipo 1 del VHC, teniendo además actividad frente a otros genotipos como el 2,4,5 y 6.

Ha sido ya aprobado para su uso en genotipo 1 por la FDA (Food and Drug Administration) y por la EMA (Agencia del Medicamento Europea), siendo comercializado en breve como "Olysio", y se prevé que durante el 2014 pueda estar disponible para su uso en práctica clínica, estimándose que el coste medio en Estados Unidos que podría suponer tratar a un paciente con genotipo 1 podría ser en torno a 53.220 € por paciente.

En la figura 10 se expone el coste medio mensual comparativo entre interferón pegilado, Ribavirina y Simeprevir:

Figura 5. Coste medio mensual comparativo de Simeprevir respecto al coste medio mensual de Interferón pegilado y Ribavirina.

Pegylated IFN	680 €
Ribavirin	140 €
Simeprevir	16.100 €

Pegylated IFN (interferón pegilado); Ribavirin (Ribavirina); € (Euros).

Fuente: Asselah T, Marcellin P. Second-wave IFN-based triple therapy for HCV genotype 1 infection: simeprevir, faldaprevir and sofosbuvir. Liver International 2014; 34 Suppl 1: 60-8.

Entre los estudios que han demostrado la eficacia de la "triple terapia de 2ª generación" (biterapia en combinación con Simeprevir) destacamos los estudios PILLAR [91], ASPIRE [92], QUEST-1 [93] y QUEST-2 [94]. TMC-435 una vez al día en combinación con peginterferón alfa-2a (pegIFN) / Ribavirina (RBV) asociada con la supresión viral rápida y potente en pacientes sin tratamiento previo con infección por genotipo 1 del VHC. La mayoría de los pacientes se beneficiaban de una terapia de menor duración que la biterapia (sólo 24 semanas). Se ha notificado elevaciones de bilirrubina leves y reversibles durante las primeras semanas de tratamiento con dosis 150 mg de TMC435, presentando unas tasas de anemia del 20%.

Las tasas de RVS en el estudio QUEST-1 en naïve genotipo 1 fueron del 80%, siendo en cirróticos naïve más baja (58%). En el estudio QUEST-2, las tasas de RVS en genotipo 1 fue similar (81%), siendo en este estudio algo mayor en cirróticos genotipo 1 naïve (65%). La tasa de RVS en recidivantes genotipo 1 fue del 85%, respondedores parciales (75%) y en respondedores nulos (51%) [94].

3.8.3.2. BITERAPIA + SOFOSBUVIR

Sofosbuvir o GS-7977 es un análogo nucleótido uridínico de gran potencia antiviral que inhibe la polimerasa NS5B del VHC dependiente de ARN que tiene una alta barrera genética a la resistencia. Se prevé que durante el 2014 sea aprobado y comercializado para práctica clínica. En combinación con interferón pegilado más Ribavirina es altamente eficaz en pacientes naïve con infección crónica por el VHC genotipo 1,4 y 6. En el estudio ATOMIC [95] presentaron unas tasas de RVS después de 12 semanas de triple terapia 4 y del 100% en genotipo 6.

En el estudio NEUTRINO [96], Sofosbuvir junto con interferón pegilado más Ribavirina durante 12 semanas presentó con Sofosbuvir entre el 90-92% en genotipo 1, siendo del 82% en genotipo una elevada tasa de

RVS frente los pacientes tratados sólo con biterapia en todos los genotipos incluidos en el estudio (1, 4,5 y 6). Presentaron unas tasas del 90% de forma global los pacientes tratados con triple terapia de segunda generación con Sofosbuvir comparado con biterapia estándar de 48 semanas (60%). Se alcanzaron tasas de RVS superiores o iguales al 80% en todos los grupos de pacientes, independientemente de la raza, del grado de fibrosis hepática y del genotipo de la IL-28B que presentara.

Las tasas de RVS en genotipos 4, 5 y 6 llegaron a ser cercanas al 100%. Todos los pacientes recibieron sólo 12 semanas de terapia triple de 2ª generación: Sofosbuvir 400 mg / día, peginterferón alfa-2a 180 mcg / semana y Ribavirina (1000-1200 mg / día).

Su coste medio por paciente es claramente superior a la biterapia (figura 11), estimándose que estará en torno a 54800 €, siendo el coste mensual similar al del Simeprevir.

Figura 6. Coste medio mensual comparativo del Sofosbuvir comparado con Simeprevir, Ribavirina o interferón pegilado.

Pegylated IFN	680 €
Ribavirin	140 €
Simeprevir	16.100 €
Sofosbuvir	18.650 €

Pegylated IFN (interferón pegilado); Ribavirin (Ribavirina); € (euros).
Fuente: Asselah T, Marcellin P. Second-wave IFN-based triple therapy for HCV genotype 1 infection: simeprevir, faldaprevir and sofosbuvir. Liver International 2014; 34 Suppl 1: 60-8.

3.8.3.3. BITERAPIA + FALDAPREVIR

Faldaprevir o BI-201135 es otro inhibidor de la proteasa NS3/4A (laboratorio Boehringer Ingelheim), que administrado una vez al día por vía oral es activo frente a los genotipos 1, 2,4, y 6. Destacamos el estudio STARTVerso 1 [97] y STARTVerso 2, donde el 88% de los pacientes naïve genotipo 1 tratados con Faldaprevir con sólo 12 semanas de terapia triple de segunda generación seguidas de 12 semanas de biterapia estándar se alcanzaban unas tasas de RVS del 88%.

En los respondedores parciales genotipo 1 estaba en torno al 50%, mientras que en respondedores nulos bajaba al 35% [93]. Entre sus acontecimientos adversos destacamos la elevación de la bilirrubina y la presencia de rash cutáneo.

3.9. CINÉTICA VIRAL DURANTE PRIMERAS SEMANAS

Los estudios de cinética viral se iniciaron en pacientes infectados por el virus de la inmunodeficiencia humana y posteriormente se aplicaron al tratamiento de la hepatitis crónica C. El estudio de la cinética viral requiere monitorizar muy a menudo los niveles de ARN-VHC y aplicar modelos matemáticos para evaluar los resultados. Básicamente consisten en realizar determinaciones sucesivas de la carga viral (ARN-VHC) durante la fase temprana del tratamiento y, dependiendo de las caídas en las concentraciones de ARN-VHC, intentar predecir la respuesta o ausencia al tratamiento antiviral.

Los primeros estudios de cinética viral en la hepatitis crónica C evaluaban el efecto de distintas dosis de interferón alfa-2b en pacientes con hepatitis crónica C infectados por genotipo 1 midiendo los niveles séricos de ARN-VHC [98]. A las 24 horas de administrar 3, 5 y 10 millones de UI de interferón estándar, el descenso en los niveles de ARN-VHC era dosis dependiente, y del 41%, 64% y 85%, respectivamente según la dosis.

Este efecto era menos intenso a las 48 horas, la reducción media en los niveles de ARN-VHC 23%, 62% y 74% respectivamente, indicando una pérdida del efecto terapéutico. Esta pérdida de respuesta era más importante con la dosis de 3 millones de UI, que en aquel momento era la dosis recomendada, y esto podría explicar los malos resultados de los estudios clínicos.

Esto se debía a que el interferón actúa inhibiendo la producción viral con distintos grados de eficacia, y la caída subsiguiente del ARN dependía de la eliminación de partículas virales libres, por lo tanto, el interferón ejerce un efecto inhibitorio sobre la producción viral, bloqueando parcialmente dicha producción viral [99,100]. También se ha analizado la cinética viral utilizando dosis distintas, 5, 10 y 15 millones de unidades de interferón alfa-2b administradas cada día [101].

En estos estudios se observó que el interferón provocaba un patrón bifásico sobre la cinética viral. Una primera fase, interferón dosis dependiente, ocurría durante las primeras 24-48 horas del tratamiento. Esta fase se caracterizaba por ARN-VHC estables durante las primeras 8 horas y similares a los basales, seguida de una caída rápida en los niveles del ARN-VHC de 1 y 2 $\log_{10}$ en las primeras 24-48 horas.

La estimación de eficacia absoluta de interferón, es decir, el porcentaje de producción de viriones bloqueados, fue del 81%, 95 % y 96% para las dosis de interferón de 5, 10 o 15 millones de unidades, respectivamente. Esta primera fase estaba producida por el bloqueo en la producción o liberación de partículas virales.

La segunda fase se caracterizaba por una caída más lenta y más variable de los niveles de ARN-VHC entre los días 2° y 14° del tratamiento, no siendo dosis-dependiente y que estaba estrechamente relacionada con la muerte o apoptosis de las células infectadas. La amplia variabilidad de esta fase traducía la variabilidad en la vida media de las células infectadas y era el resultado de la respuesta inmune. Esta 2ª fase se correlacionaba inversamente con los niveles basales de ARN-VHC y directamente con los valores de transaminasas. La tasa de caída del ARN- VHC en la 2ª fase era altamente determinante de la erradicación viral precoz [102,103].

La aplicación de modelos matemáticos permitió estimar la vida media (t ½) del VHC en 2,7 horas, la producción y eliminación de viriones como de 10^{12} viriones/día y el tiempo medio en que las células infectadas mueren, que corresponde a una t ½ de 1.7 a 70 días [101]. Todos estos hallazgos demostraron que la infección por el VHC es altamente dinámica y la monitorización temprana de la carga viral podría ser de utilidad para diseñar tratamientos.

La cinética viral también ha sido estudiada con ambos interferones pegilados y comparada con el interferón estándar. En pacientes infectados por genotipo 1, el interferón pegilado alfa-2a produce el característico patrón bifásico observado con el interferón estándar, con una eficacia similar entre ambos compuestos para bloquear la producción viral [103].

Destacamos un estudio sobre cinética viral en el que se emplearon 2 dosis distintas de interferón pegilado alfa-2b durante las primeras semanas asociado con Ribavirina en 55 pacientes con genotipo 1. Se observó que la inhibición en la replicación viral era dosis-dependiente durante las primeras 24 horas, siendo de 2,08 log_{10} para la dosis de 3 µg/kg/semana y de 1,09 para la dosis de 0,5 µg/kg/semana [104]. Después existía una segunda fase más variable en l que los niveles de ARN-VHC descendían de forma más lenta, y era muy variable entre los pacientes.

En la mayoría de los casos el patrón era bifásico, similar al que se observaba con interferón estándar, pero algunos pacientes presentaban un patrón trifásico, caracterizado por una 1ª fase de caída rápida y pronunciada durante las primeras 24-48 horas, seguido de una fase de estabilización o ligero incremento en los niveles ARN-VHC durante los 7-10 días siguientes y una 3ª fase caracterizada por un descenso paulatino y constante en los niveles de ARN-VHC [105].

El análisis matemático demostraba que la 2ª caída en los niveles de ARN se correlacionaba con la RVS, con un valor predictivo positivo y negativo del 100% [105]. Posteriormente, Herrmann et al, analizó la cinética viral con peginterferon alfa-2a y Ribavirina, y observó que en el 61% de los casos existía un patrón trifásico que no era exclusivo del interferón pegilado y se caracterizaba por una 1ª caída rápida en las concentraciones de ARN-VHC, seguida de una 2ª fase de estabilización y una tercera fase de caída lenta y progresiva que se correlacionaba con la eliminación viral [106]. Esta última probablemente sea debida a un mecanismo inmune que todavía no ha sido probado. Paralelamente, Layden et al ha comparado la cinética viral entre pacientes afroamericanos y caucásicos infectados por genotipo 1, y han observado que los sujetos afroamericanos exhibían una menor habilidad para inhibir la producción viral y detectaban característicamente el patrón bifásico [107].

La mayoría de los estudios de cinética viral adolecen de deficiencias considerables, ya que se han realizado con un número pequeño de pacientes, por lo que es posible que existan errores estadísticos de tipo II; además, son difícilmente comparables porque el porcentaje de RVS entre los estudios es muy distinto y la nomenclatura que utilizan y la presentación de resultados no es uniforme.

Mientras que algunos estudios expresan los resultados en términos de eficacia del interferón (% de inhibición), otros utilizan logaritmos para expresar la caída en los niveles de ARN, y las 2 fases de caída del ARN viral no están claramente definidas. A pesar de estas limitaciones, las aportaciones de los estudios de cinética viral son importantes, especialmente para diseñar nuevas estrategias terapéuticas y evaluar nuevos fármacos, por lo que todavía deben diseñarse nuevos estudios prospectivos con un número amplio de pacientes que evalúen dosis distintas de peginterferon y especialmente en pacientes infectados por genotipo 1.

Los sujetos que consiguen negativizar la viremia a la 4ª semana de terapia (respuesta virológica rápida, RVR) tienen altas probabilidades de alcanzar la RVS, incluso de reducir la duración de la terapia [108], gracias a su elevado valor predictivo positivo (86-91%), sin embargo, tiene el inconveniente de que, además de ser infrecuente en genotipo 1 (10-30%), no sirve como regla de parada, debido a su bajo valor predictivo negativo (VPN=49-74%) [109].

La cinética viral durante las primeras semanas de terapia antiviral juega un papel fundamental, condicionando las posibilidades de curación. La reducción virémica tras la 1ª dosis de interferón pegilado es dosis-dependiente y no todos los pacientes, dependiendo de su situación basal (fibrosis y/o CVB), van a presentar el mismo grado de sensibilidad viral al interferón administrado [110].

Las concentraciones máximas con interferón pegilado alfa-2a suelen alcanzarse a las 72 horas tras la primera dosis, momento en que podría tener utilidad valorar el grado de reducción virémica alcanzado e intentar asociar este evento a sus posibilidades de alcanzar o no la curación, especialmente si empleáramos dosis altas (360 mcg) frente a una dosis estándar.

Diferentes estudios que emplearon dosis elevadas de interferón pegilado, el análisis del patrón cinético durante los primeros días, sí parecía reflejar el grado de sensibilidad al interferón, como predictor independiente de RVS [111-113]. Se han detectado regiones genómicas virales no estructurales 5A que son responsables de la sensibilidad viral al interferón (ISDR), que parecen modular las tasas de RVS [114].

3.10. METABOLISMO LIPÍDICO RELACIONADO CON HEPATITIS C

El VHC es un patógeno que usa las rutas metabólicas hepatocitarias para replicarse e introducirse dentro del hepatocito, empleando los receptores de las lipoproteínas [115,116]. Se han descrito 2 posibles vías de entrada hepatocitarias: 1) los receptores de lipoproteínas de baja densidad (receptor LDL-colesterol) [117], cuyos ligandos resultan de la actividad de la lipoprotein lipasa adipocitaria (LPL) [118]. Esta enzima es la encargada de la conversión de las "lipoproteínas de muy baja densidad (VLDL)", ricas en triglicéridos segregadas desde el hepatocito al plasma, en "lipoproteínas de densidad intermedia (IDL)" y éstas, a su vez, a través de la lipasa hepática, en las definitivas LDL-colesterol resultantes [119]. 2) La otra posible vía de entrada viral al hepatocito es el receptor Scavenger clase B tipo I (SR-B1), cuyo ligando lo constituyen las "lipoproteínas de alta densidad (HDL-colesterol)" [119].

Las concentraciones plasmáticas de LDL-colesterol basales y los cambios cinéticos acaecidos en el metabolismo de las lipoproteínas durante el tratamiento antiviral en los pacientes CHC-1 dependen del grado de actividad de la lipoprotein lipasa y de la secreción hepatocitaria de VLDL [120]. La actividad enzimática de la LPL durante el tratamiento juega un papel importante como limitador de la inhibición de la replicación viral, jugando un papel clave en las posibilidades de curación de estos pacientes.

3.11. CONCENTRACIONES PLASMÁTICAS DE RIBAVIRINA

La Ribavirina es un análogo sintético de la guanosina, ineficaz en monoterapia contra VHC, pero que asociado al interferón pegilado ejerce efectos antivirales distintos [121,122]: inhibición de la inosina-monofosfato deshidrogenasa, inhibición de la ARN polimerasa, hipermutagénesis, efecto estimulador de genes relacionados con interferón, constituyendo un protagonista insustituible en muchos de los regímenes terapéuticos antivirales actuales, al disminuir la tasa de recidivas y la aparición de resistencias, especialmente en aquellos que no consiguen la indetectabilidad dad viral a la 4ª semana de terapia (ausencia RVR) [123]. Generalmente el estado de equilibrio estacionario se suele alcanzar en la semana 4 de tratamiento, con unas concentraciones plasmáticas medias de unos 2.200 ng/ml [124].

La Ribavirina cuenta con dos vías metabólicas: una fosforilación reversible, y una vía de derribosilación e hidrólisis de la, Amida, excretándose por la orina tanto la Ribavirina como sus metabolitos activos. Aunque las reducciones de dosis de Ribavirina en triple terapia suponen un impacto significativamente menor en las tasas de RVS que en los pacientes tratados con biterapia [125], es imprescindible su empleo (ensayos PROVE 2 y 3) [126,127]. A diferencia con la biterapia, el impacto de las reducciones de Ribavirina en triple terapia para el control de la anemia va a ser mínimo, siempre que éstas se realicen de forma progresiva y escalonada y no supere más del 50% respecto a la dosis inicialmente establecida.

Debemos destacar que las tasas de curación son significativamente inferiores en determinados colectivos: cirróticos, respondedores parciales o nulos y genotipo viral 1a [89]. Actualmente la dosis diaria de Ribavirina se establece según el peso. Sin embargo, Lindahl et al [128-130] remarcó la importancia de realizar el ajuste diario de la dosis de este fármaco en función del aclaramiento de creatinina, demostrando que concentraciones plasmáticas de Ribavirina elevadas (mayores de 15 μmol/L) podían mejorar las tasas de RVS. Así diseñó una fórmula de ajuste pretratamiento de la dosis diaria de Ribavirina.

Otros autores han confirmado que mayores concentraciones plasmáticas de Ribavirina se han asociado a mayores tasas de RVR y RVS, estableciéndose diferentes puntos de corte óptimos para predecir la RVS, comprendidos entre 2-4 ng/ml [131,132]. La concentración valle (C_{valle}) de Ribavirina ha sido cuantificada, utilizando un método de high-performance liquid chromatography (HPLC) con detector ultravioleta (HPLC-UV; Merck-Hitachi LaChrom, Tokio, Japón), validado por la Agencia Europea de Medicamentos (CPMP/ ICH/281/95) [133,134].

Lindahl en 2002, se pone de manifiesto que el aclaramiento de la

Ribavirina está fuertemente relacionado con la función renal. Estos autores recomiendan que la dosis de Ribavirina que tienen que recibir los pacientes se establezca en función de la tasa de filtración glomerular en lugar de exclusivamente el peso del paciente, que es como se suele hacer. Establecieron así, una fórmula matemática que establecía la dosis de Ribavirina diaria que debía recibir el paciente tratado con Ribavirina, según el grado de aclaramiento renal de ésta.

El aclaramiento de Ribavirina lo obtenían de multiplicar 0,122 por el aclaramiento de creatinina (Acla. Creat) en mililitros/minuto a lo que se le sumaba el peso en kilogramos del paciente por 0,0414. De esta forma, se obtenía el aclaramiento de Ribavirina (Acla. Riba). Ya con este valor era posible determinar la dosis diaria de Ribavirina que iba a precisar el paciente para alcanzar una determinada concentración plasmática de Ribavirina en micromoles/litro, la cual resultaba 0,244 x (Aclaramiento de Ribavirina) x 12 x concentraciones plasmáticas de Ribavirina que deseamos alcanzar.

Así, por ejemplo, para un paciente varón de 70 kg de peso, si el aclaramiento de creatinina era 120 ml/min, dependiendo de las concentraciones plasmática de Ribavirina que deseáramos alcanzar (6, 10 o 14 micromoles/litro), se precisarían 600mg/día, 1000 mg/día o 1400 mg/día, respectivamente. Si en cambio, el paciente presentaba una menor tasa de aclaramiento de creatinina, por ejemplo, 60 ml/min, la dosis de Ribavirina diaria que precisaba para alcanzar una concentración plasmática de Ribavirina de 14 micromoles/litro era de 800 mg/día.

En un estudio previo realizado por estos investigadores, evidenciaron que la concentración plasmática media de Ribavirina que se alcanzaba para dosis terapéuticas de Ribavirina en rango de 800-1200 mg/día, era aproximadamente de 8,2 micromoles/litro. Así, si deseáramos obtener unas concentraciones plasmáticas de 10 micromoles/litro en el caso 1 se precisarían aproximadamente 1000 mg/día de Ribavirina, mientras que para el caso 2, con sólo 800 mg/día nos bastaría.

Si quisiéramos tratar a estos dos pacientes de una infección crónica por VHC genotipo 1, para el caso 1, según la ficha técnica del producto, al pesar más de 75 kg. de peso, lo trataríamos con 1200 mg/día de Ribavirina, es decir, lo estaríamos tratando con 200 mg más al día de lo que admite su tasa de filtración glomerular, algo que podría a la larga tener consecuencias negativas (mayor riesgo de anemia hemolítica y mayor incidencia de retiradas prematuras). Por otro lado, el caso 2, según la ficha técnica tendríamos que tratarlo también con1200 mg/día de Ribavirina, al pesar también más de 75 kg. de peso. Sin embargo, tiene una tasa de filtración glomerular claramente más baja que el anterior, pese a tener la misma cifra de creatinina sérica y altura, con la diferencia que se trata de una persona con más edad y menos peso que el caso 1.

Según la ficha técnica del producto, al tener también más de 75 kg. de peso, le correspondería tomar 1200 mg/día de Ribavirina. Sin embargo, lo que le admite su tasa de filtración glomerular para alcanzar las mismas concentraciones plasmáticas de Ribavirina sólo son 800 mg/día, es decir, 400 mg./día menos de los que en realidad va a recibir si nos ceñimos a la práctica clínica diaria. De ahí, la importancia de valorar este parámetro en los pacientes que vayamos a incluir en nuestro estudio y, en especial, al ser una variable que no se contempla ni controla en la práctica clínica de estos pacientes.

Por otro lado, destacamos otro estudio llevado a cabo por Jen et al en el año 2000 y publicado en la misma revista científica, en la cual se puso de manifiesto como al incrementarse las concentraciones plasmáticas de Ribavirina las tasa de respuesta virológica iban aumentando, de forma que, si las concentraciones séricas estaban comprendidas entre 1 y 1,5 nanogramos/ml la tasa de RVS media era tan solo de 30,9% [129].

Sin embargo, cuando se alcanzaban concentraciones plasmáticas más elevadas, es decir, su valor se encontraba comprendido en rangos que oscilaban entre 2-2,5 ng/ml, 2,5-3 ng/ml o 3-3,5 ng/ml, las tasas de RVS media encontradas para cada uno de estos rangos eran respectivamente de 39,8 %, 45,2 % o 43,3 %.

3.12. IMPACTO ECONÓMICO DE LA INFECCIÓN POR VHC

El pico máximo de incidencia de hepatitis crónica por VHC ocurrió hace 23-31 años cuando se realizaban transfusiones sanguíneas de donantes infectados y comenzó el consumo de drogas por vía parenteral. Este hecho va a ser responsable que a lo largo de las próximas décadas vaya aumentando la incidencia acumulada de cirrosis hepática, descompensaciones hepáticas, hepatocarcinoma y la demanda de trasplante hepático. En la figura 7 se puede visualizar los costes derivados de las complicaciones relacionadas con la progresión de la fibrosis en la hepatitis crónica por VHC [135].

Figura 7. Coste de complicaciones por la infección por el virus de la hepatitis C.

• Coste Trasplante hepático:	201.110 $
• Coste Hepatocarcinoma:	23.765-44.200 $
• Coste HDA por varices:	25.595 $
• Coste Cirrosis compensada	585-1110 $
• Coste Ascitis refractaria:	24.755 $
• Coste Encefalopatía hepatica	16.430 $
• Coste Ascitis respondedora:	2.460 $
• Coste Hepatitis Crónica Leve:	145 $

HDA (hemorragia digestiva alta); $ (dólares).

Fuente: El Khoury AC, Klimack WK, Wallace C, Razavi H. Economic burden of hepatitis C-associated diseases in the United States. J Viral Hepatitis 2012; 19: 153-160.

La obtención de la RVS gracias al empleo de las terapia antivirales reduciría por 3 la mortalidad en estos pacientes, la incidencia de hepatocarcinoma por 4, la indicación de trasplante hepático por 13 y el riesgo de descompensación hepática por 14 [136].

3.13. MODELOS PREDICTIVOS DISEÑADOS EN HEPATITIS C

La terapia de elección para pacientes con hepatitis crónica por VHC genotipo 1 es la triple terapia antiviral de 1ª generación (biterapia en combinación con Boceprevir o Telaprevir) en el momento actual, al ser más eficaz que la biterapia, tal como se establece en la última versión de guías de práctica clínica de la Asociación Americana y Europea de

Hepatología [137,138]. Sin embargo, en pacientes con baja CVB (menor de 400000 UI/ml), que alcanzan la RVR, con sólo 24 semanas de biterapia es suficiente para alcanzar la RVS [139]. En estos pacientes la biterapia es la mejor opción. De acuerdo a las guías de práctica francesa se considera de 1ª elección la biterapia a los pacientes genotipo 1 con factores predictivos favorables de respuesta [140].

Un ensayo recientemente publicado ha confirmado estas recomendaciones [141]. En este estudio fueron incluidos 233 pacientes naïve genotipo 1 no cirróticos (F0-F3), que tenían una CVB baja (menor de 600000 UI/ml) y fueron sometidos a un lead-in con biterapia, alcanzando 101 pacientes la RVR (48%), los cuales fueron randomizados a recibir 20 semanas más con biterapia estándar (interferón pegilado + Ribavirina según peso) o 24 semanas con triple terapia de 1ª generación con Boceprevir (Boceprevir + interferón pegilado + Ribavirina según peso).

La tasa de curación fue similar en ambos grupos (88% frente a un 90%), independientemente del subtipo viral (1a o 1b), genotipo IL-28B (CC o CT/TT) o raza que tuviera el paciente. La incidencia de efectos adversos también fue similar, con tasas de reducción de las dosis de Ribavirina similares (del 33% en ambos grupos) o de suspensión precoz

(8% frente a un 6%). Estos resultados ponen de manifiesto que la adición a la biterapia de un inhibidor de la proteasa no aporta ningún beneficio en pacientes naïve, no cirróticos, con CVB baja, que alcanzan en la 4ª semana la RVR.

Sin embargo, la accesibilidad de estos fármacos no es igual en todas las regiones del mundo, por su incremento del coste respecto a la biterapia, ya que es frecuente la necesidad de emplear estimuladores de la granulocitosis y de la eritropoyesis, que a su vez incrementan todavía más los costes, sin olvidar que la triple terapia constituye una terapia no exenta de riesgos (posibilidad de insuficiencia hepática, infecciones, incluso exitus).

Actualmente no existen modelos predictivos de respuesta al tratamiento antiviral basado en puntuaciones, que permita clasificar a los pacientes naïve en bajo, medio y alto riesgo de fracaso terapéutico. Sería útil definir qué pacientes podrían curarse simplemente con una terapia antiviral dual, más barata, con menos efectos secundarios que la triple terapia antiviral, incluso con una duración más corta (24 semanas en lugar de 48 semanas, biterapia reducida).

De igual forma, sería muy importante detectar con una nueva

herramienta diagnóstica aquellos pacientes, en los que la biterapia antiviral es ineficaz, y que justifique el empleo de regímenes terapéuticos más potentes (triple terapia de 1ª generación): biterapia en combinación con Boceprevir o Telaprevir; o bien la triple terapia de 2ª generación que está a punto de ser aprobada para práctica clínica (biterapia en combinación con Sofosbuvir, Simeprevir o Faldaprevir).

Se han diseñado diferentes modelos predictivos de respuesta para pacientes con hepatitis crónica C. La variable más empleada para su diseño fue el genotipo de la IL-28B, siendo combinada ésta con otros factores predictivos independientes de RVS. En el modelo predictivo diseñado por O´Brien TR et al, además de la variable genética se empleó la carga viral, el cociente AST/ALT, la puntuación del grado de fibrosis ISHAK, y el tratamiento previo con Ribavirina [142].

En otro modelo se emplearon 2 polimorfismos genéticos: el de la IL-28B y el de muerte celular programada 1.3/A (Programmed Cell -1, PD-1.3/A): los pacientes que presentaban un genotipo CC de la IL-28B y portaban además un alelo A de PD-1.3, las posibilidades de alcanzar la RVS eran de hasta un 93.3% [143]. Otros modelos predictivos lo que han pretendido es seleccionar a los pacientes que fueran a alcanzar la RVR o respuesta virológica precoz completa (RVPc, negativización de la viremia al 3° mes de biterapia). Desarrollaron 7 subgrupos, categorizando la probabilidad de alcanzar la RVR y/o RVPc en baja, intermedia y alta. Se emplearon para ello, 3 factores metabólicos (ausencia de esteatosis, unas concentraciones plasmáticas basales de lipoproteínas de colesterol de baja densidad, LDL-colesterol mayor o igual de 100 mg/dl, una glucemia basal menor de 120 mg/dl), un parámetro bioquímico hepático (GGT menor de 40 U/litro) y, una edad menor de 50 o 60 años [144].

En coinfectados VHC-VIH también destacamos la elaboración de una herramienta diagnóstica denominada índice Prometheus por el grupo español de Medrano et al [145], que además del genotipo IL-28B, emplea el grado de fibrosis hepática determinado mediante FibroScan (en kilopascales), el genotipo viral y la CVB (en UI/ml), facilitándote la probabilidad de alcanzar la RVS de forma personalizada.

Otros autores diseñaron un modelo predictivo de respuesta a la biterapia basado en factores predictivos independientes como un valor basal de IP-10 menor de 150 pg/ml o bien menor o igual a 600 pg/ml, estableciendo 3 subgrupos de pacientes con genotipo 1: aquellos con una CVB mayor o igual de 2000000 UI/ml; b) aquellos con un índice de masa corporal (IMC) mayor o igual de 25 kg/m^2 y c) aquellos que tienen a la vez estos 2 factores [146].

Entre los modelos predictivos más relevantes y con mayor poder pronóstico para predecir la RVS son aquellos que conjugan el genotipo de la IL-28B (presencia de genotipo CC), un valor de IP-10 basal menor de 150 pg/ml, así como la presencia de la RVR [147].

CAPÍTULO IV

HIPÓTESIS Y OBJETIVOS

CAPÍTULO IV: HIPÓTESIS Y OBJETIVO

4.1. HIPÓTESIS

Con la aprobación en 2011 de los nuevos antivirales de acción directa (AAD), Boceprevir y Telaprevir, se ha conseguido incrementar las tasas de curación respecto a la biterapia, tanto en pacientes con hepatitis crónica C genotipo 1 naïve (estudios SPRINT-2 y ADVANCE), como en no respondedores previos a biterapia (estudios REALIZE, RESPOND-2). Aunque actualmente constituye la terapia de elección en este colectivo, su eficacia es significativamente menor en determinados subgrupos: pacientes cirróticos, especialmente si son genotipo 1a, o si son respondedores parciales o nulos.

Estos fármacos no están exentos de riesgos. Respecto a la biterapia son responsables de una mayor tasa de efectos secundarios: mayores tasas de anemia y un mayor empleo de estimuladores de la eritropoyesis, mayores necesidades transfusionales, reacciones cutáneas graves (Telaprevir), riesgo de descompensaciones hepáticas e infecciones, así como la aparición de resistencias e interacciones. Además, en un momento de grave crisis económica como el que estamos viviendo actualmente, como consecuencia del incremento del gasto farmacéutico que han generado estos nuevos fármacos, algunas administraciones sanitarias se han visto obligadas a racionalizar la indicación de la triple terapia en determinados colectivos, buscando una gestión más eficiente de los recursos sanitarios, así como la elaboración de algoritmos terapéuticos que difieren, dependiendo del país o región que se trate.

En espera de la llegada de las nuevas combinaciones terapéuticas libres de interferón (estudios LONESTAR Y ELECTRON), sería de utilidad diseñar una nueva herramienta diagnóstica de ayuda para la toma de decisiones terapéuticas en pacientes con hepatitis crónica C genotipo 1. Ésta podría tener especial utilidad, fundamentalmente en pacientes que fueran a ser sometidos a una fase de lead-in (Boceprevir, respondedores nulos) o colectivos de pacientes con peores tasas de respuesta (cirróticos o genotipo 1a), en función de las puntuaciones obtenidas de aplicar las diferentes escalas predictivas empleadas.

Debería, además, estar dotada de un alto valor predictivo positivo y negativo, permitiendo clasificar a nuestros pacientes, antes de someterlos a nuevos regímenes antivirales, en pacientes con bajo, medio y alto riesgo de fracaso terapéutico a la biterapia, dependiendo de las puntuaciones obtenidas.

Esta herramienta estaría dotada de nuevas reglas de parada, que permitiría suspender la biterapia en aquellos sujetos que no se iban a curar con ella en fases muy precoces, detectando aquellos sujetos en los que sería mejor tratarlos con terapias antivirales más potentes, con mejor relación riesgo/beneficio (triple terapia de 1° o 2° generación).

Sería muy importante para la práctica clínica, definir con nuestra herramienta, aquellos sujetos que podrían beneficiarse de recibir sólo biterapia reducida (24 semanas), con objeto de maximizar la eficiencia y seguridad, partiendo del hecho que la tasa de RVR es baja en este colectivo y el que se produzca no te garantiza la curación del paciente.

En esta línea, planteamos la siguiente **HIPÓTESIS NULA:** la combinación de factores basales y cinéticos viro-lipídicos en pacientes con hepatitis crónica C genotipo 1 para el diseño de una nueva herramienta diagnóstica de ayuda a la toma de decisiones NO va a permitir la obtención de reglas de parada con elevado valor predictivo negativo que permita detectar en fases precoces del tratamiento que pacientes no van a alcanzar la respuesta virológica sostenida (evento primario).

Se define como evento primario la obtención de respuesta virológica sostenida o curación virológica (indetectabilidad viral a los 6 meses de haber finalizado la terapia dual). A partir de este momento nos referiremos como "Evento Primario" a esta variable.

De forma arbitraria, nos referiremos al grupo que presenta eventos como grupo principal y al grupo libre de eventos como grupo de referencia (H0: p Grupo Principal = p Grupo de Referencia).

4.2. OBJETIVOS DEL ESTUDIO

4.2.1. OBJETIVO GENERAL

Valorar si la combinación de factores predictores basales y cinéticos viro-lipídicos, en pacientes con hepatitis crónica por VHC genotipo 1, constituyen predictores independientes con elevado valor predictivo negativo que permita la detección precoz del fracaso terapéutico con terapia dual (evento primario), gracias al diseño de una nueva herramienta diagnóstica de ayuda a la toma de decisiones durante las primeras semanas de terapia antiviral, basada en puntuaciones y nuevas reglas de parada.

4.2.2. OBJETIVOS ESPECÍFICOS

1. Valorar las variables basales, virológicas y lipídicas que podrían ser empleadas para el diseño de las 3 escalas predictivas.
2. Determinar los puntos de corte óptimos de las diferentes variables significativas que mejor pronostique la incidencia de curación virológica.

3. Conocer qué variables se correlacionan con las concentraciones plasmáticas de Ribavirina al 1° mes de biterapia.
4. Estudiar si una variable como el cortisol se comporta como predictor independiente de RVS.
5. Valorar si los pacientes pertenecientes a Niveles de Exigencia Fibro-virológica y Niveles de Exigencia Lipídico elevados se asocian a peores tasas de curación.

4.2.3. OBJETIVOS SECUNDARIOS

1. Analizar los costes directos generados por la terapia antiviral en los pacientes incluidos.
2. Valorar la seguridad y tolerancia de la dosis de inducción de interferón pegilado.
3. Calcular los costes potenciales totales que hubiera generado la aplicación de nuestra herramienta en los pacientes estudiados.

CAPÍTULO V

METODOLOGÍA

CAPÍTULO V: METODOLOGÍA

5.1. DISEÑO DEL ESTUDIO

Estudio prospectivo, randomizado, con enmascaramiento a doble ciego. Se analizaron 99 pacientes HCC-1, aleatorizando una 1ª dosis enmascarada de inducción (PDI) de interferón pegilado alfa-2a (40 KD) de 360 microgramos subcutáneos (Pegasys; Roche, Basel, Suiza) frente a una 1ª dosis estándar de interferón pegilado (180 mcg/sc) subcutánea (sc) + Ribavirina 1000 mg/día (si peso corporal < 75 kg) o Ribavirina 1200 mg/día (si peso ≥ 75 kg), seguido a partir de la 2ª semana de biterapia (interferón pegilado 180 mcg/sc/semana + Ribavirina según peso) durante 47 semanas.

Todos los pacientes recibían una primera inyección subcutánea con 180 mcg de interferón pegilado, seguida de un 2° vial enmascarado a doble ciego que contenía el mismo volumen y estaba etiquetado de forma idéntica: mientras los del grupo de inducción recibían 180 mcg adicionales, los del grupo de dosis estándar, placebo con suero fisiológico. Se empleó una PDI con objeto de discriminar mejor aquellos sujetos más sensibles al fármaco, en los que posiblemente la inhibición viral dosis-dependiente producida sería mayor.

Aquellos sujetos que desarrollaron leucopenia se autorizó el uso de Filgastrim (300 mcg/sc/semana) y, si la hemoglobina era inferior a 10 g/dl, Epoetina alfa (40000 UI/semana/sc).

Partiendo del hecho que los pacientes con mayor CVB y fibrosis hepática son los más difíciles de curar a priori con biterapia, consideramos que para que éstos pudieran alcanzar la RVS necesitarían una reducción virémica máxima durante la 1ª semana, bien al 3° o 7° día de biterapia (valor de RV1) mayor que la que precisarían los sujetos con menor grado de fibrosis (Metavir F0-F3) y/o CVB.

Los pacientes fueron asignados a uno de los 5 Niveles de Exigencia Fibro-virológica que diseñamos, según el grado de fibrosis y CVB que tuvieran y seleccionamos el punto de corte para la variable RV1 que mejor predecía la RVS en cada NEF, empleando para ello la curva COR resultante.

Si la reducción virémica máxima alcanzada durante la 1ª semana de biterapia (valor RV1) era al menos igual o superior al establecido para dicho NEF, estableceríamos que había sido alcanzada la Respuesta Virológica de la Primera Semana (RVPS), asignándole una puntuación positiva en la Escala Virológica, mientras que si no la había alcanzado obtendría una puntuación negativa. Por otro lado, partiendo de la hipótesis de que los sujetos más difíciles de curar precisarían unas concentraciones plasmáticas medias de LDL-colesterol durante el 1° mes de biterapia (mLDLc) más elevadas, como indicador de una buena actividad enzimática de la lipoprotein lipasa, diseñamos también 5 Niveles de Exigencia Lipídicos (NEL), dependiendo del grado de fibrosis, CVB y la variable ratio de infectividad, a los cuales eran asignados.

Seleccionamos diferentes puntos de corte para la variable mLDLc en cada uno de los NEL, empleando la curva COR resultante, de forma que aquellos sujetos que conseguían mantener una mLDLc al menos igual o superior al punto de corte establecido en dicho NEL, presentarían un Metabolismo Lipídico Favorable (MLF), asignándole una puntuación positiva en la Escala Lipídica, mientras que si no lo conseguía se le puntuaría negativamente.

Las muestras eran congeladas en el laboratorio del hospital Juan Ramón Jiménez hasta que se dispusieran de al menos 40 muestras distintas, a través de la mensajería especializada en el transporte de muestras biológicas. Durante todo el estudio, tuvieron lugar un total de 2 envíos al Laboratorio de Biología Molecular del Hospital Carlos III de Madrid, para su determinación, respetando en todo momento la confidencialidad de los pacientes, siendo identificadas las muestras sólo con las iniciales de los pacientes. Los resultados nos fueron remitidos, siguiendo la ley de protección de datos.

5.2. TAMAÑO MUESTRAL

Determinamos el mínimo tamaño muestral para la realización del estudio, fijándose en 50 pacientes en cada grupo (grupo A o grupo de referencia y grupo B o grupo principal). Este valor fue calculado considerando un error α del 5% y un error β del 20%.

Puesto que no se dispone de información sobre la variabilidad de la proteína IP-10, se consideró una precisión absoluta en términos relativos de la desviación típica $\delta = 0,57\ \sigma$, la única solución existente para determinar tamaños muestrales en tales situaciones (se desconoce σ y no hay estimación de ella).

La solución utilizada es aproximada y requerirá una comprobación final una vez tomadas las muestras de tamaño $n_1=n_2=50$ en el caso de aceptar la no diferencia estadística, ya que si se detecta diferencia significativa, el aumento del tamaño muestral nos llevaría a la misma conclusión que obtuvimos con el tamaño prefijado.El paquete utilizado para la determinación de este tamaño de muestra, así como la determinación del cálculo del mínimo tamaño muestral necesario para el diseño de los 5 Niveles de Exigencia Fibro-virológico (NEF) y 5 Niveles de Exigencia Lipídico (NEL) se realizó con el programa nQuery Advisor versión 7.0.

5.3. CRITERIOS DE INCLUSIÓN Y EXCLUSIÓN

De los 169 pacientes evaluados, finalmente fueron incluidos y analizados 99 pacientes con hepatitis crónica por VHC genotipo 1, sin antecedente de descompensaciones hepáticas y ausencia de lesiones hepáticas en la ecografía abdomen en los 3 meses previos a su inclusión. Todos eran de etnia caucásica, salvo 2 sujetos de Latinoamérica. No se incluyeron aquellas mujeres gestantes o en situación de lactancia, así como los varones cuya pareja estuviera embarazada.

En la figura 8 se puede visualizar el diagrama de flujo de pacientes que tuvimos durante todo el periodo de inclusión y durante el desarrollo del estudio. Como se puede ver en él fueron excluidos 72 pacientes por diferentes causas, tal como se expone en dicha figura, con su casuística correspondiente. Finalmente de ellos, 103 fueron los que fueron sometidos a la aleatorización de la dosis de inducción y de ellos 99 fueron los que finalmente fueron analizados.

Figura 8. Diagrama de flujo de pacientes del estudio.

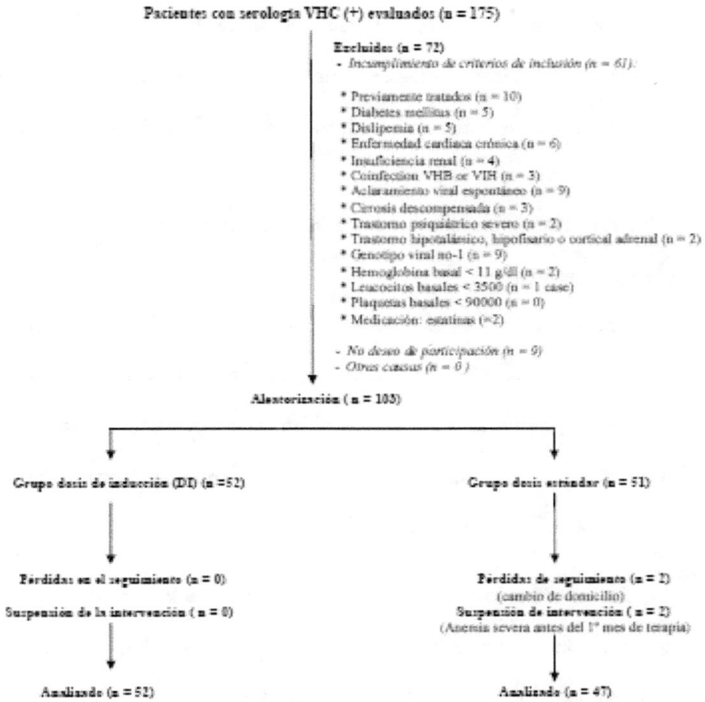

VHC (virus de la hepatitis C); n (número de individuos); VHB (virus de la hepatitis B); VIH (virus de inmunodeficiencia humana); g/dl (gramo/decilitro); DI (dosis de inducción).

5.4. PACIENTES Y EVALUACIÓN CLÍNICA-ANALÍTICA

Entre Enero del 2009 y Junio del 2012 fueron evaluados 169 pacientes con estudio serológico positivo para el VHC en la Unidad de Hepatología del Área Hospitalaria Juan Ramón Jiménez (Huelva, España), centro sanitario que ofrece cobertura sanitaria a una población de 262000 habitantes. Fueron incluidos y analizados 99 pacientes con hepatitis crónica por VHC genotipo 1.

El seguimiento de cada paciente fue de 72 semanas, con un periodo de tratamiento de 48 semanas. Con el fin de homogeneizar los datos clínicos y poder cumplir con los objetivos propuestos, se realizaron, además de las visitas de selección y basal, las correspondientes a las 72 horas y semanas 1, 4, 8, 12, 24, 36 y 48 semanas.

En las tablas 2a y 2b exponemos el planning de las diferentes visitas que tuvieron lugar a lo largo de la realización del estudio, así como las evaluaciones clínicas y analíticas a las que fueron sometidos los pacientes incluidos y analizados. Durante el estudio, el investigador procedió a la realización de dicho procedimiento si la casilla estaba marcada con una "x", tal como podemos ver a continuación.

Tabla 2a. Listado de procedimientos diagnósticos durante el periodo de reclutamiento, inclusión y seguimiento durante el estudio

EVALUACIÓN/ PROCEDIMIENTO	Previo a la inclusión		TRATAMIENTO							Seguimiento
		Basal	72 horas	1 semana	2 semana	4 semana (RVR)	12 semanas (RVP)	24 semanas	48 semanas (RFT)	72 semanas (RVS)
Consentimiento informado	X									
Historia clínica/ (**) /Ex. Fís. /Rx tórax/ECG	X									
Biopsia hepática	X									
IMC	X	x				x	x	x	x	X
Test de gestación	X	x			x	x	x	x	x	X
Genotipo VHC	X									
RNA-VHC (PCR)	X	x	x	X		x	X	x	x	X
Hematología	X	x	X	x	x	x	X	x	x	X

RVR (respuesta virológica rápida); RVP (respuesta virológica precoz); RFT (respuesta virológica de final de tratamiento); RVS (respuesta virológica sostenida); Ex. Fís. (exploración física); Rx (radiografía); ECG (electrocardiograma); IMC (medir índice de masa corporal); VHC (virus de la hepatitis C); RNA-VHC (viremia o carga viral del virus C); PCR (reacción en cadena de polimerasa).

Tabla 2b. Listado de procedimientos diagnósticos durante el periodo de reclutamiento, inclusión y seguimiento durante el estudio

EVALUACIÓN	Previa al tto.	Basal	TRATAMIENTO						Seguimiento	
		Semana 0	72 horas	1 semana	2 semana	4 semanas (RVR)	12 semanas (RVP)	24 semanas	48 semanas (RFT)	72 semanas (RVS)
Bioquímica (*)	X	x	x	x	x	x	x	x	x	X
Análisis de orina	X	x	x	x	x	x	x	x	x	X
Medicación	X	x	x	x	x	x	x	x	x	X
Acontecimientos adversos	X	x	x	x	x	x	x	x	x	X
proteína IP-10		x								
Cortisol		x	X	X	X	x				
Lipoproteínas		x	x	x	x	x				
Índice HOMA	X					x		x		X
Concentraciones plasmáticas de Ribavirina						x				

RVR (respuesta virológica rápida); RVP (respuesta virológica precoz); RFT (respuesta virológica de final de tratamiento); RVS (respuesta virológica sostenida); HOMA (homeostasis model assessment); tto (tratamiento).

5.5. VARIABLES DEL ESTUDIO

Las variables **dependientes** son las siguientes:

- Evento primario (dicotómica). Presencia de respuesta virológica sostenida (RVS) o curación virológica. Este va a tener lugar cuando el paciente alcance la indetectabilidad viral a las 72 semanas de haber iniciado la terapia dual (6 meses después de haberla finalizado).
- Respuesta Virológica Rápida o RVR (dicotómica). Definida como la obtención de la indetectabilidad virémica en la 4° semana de terapia antiviral dual.
- Respuesta Virológica Precoz o RVP (dicotómica). Respuesta virológica que se alcanza a las 12 semanas de terapia dual si el paciente reduce su viremia al menos 2 $\log_{10}$ UI/ml respecto a la carga viral basal (CVB).
- Respuesta Virológica de final de tratamiento o RVFT (dicotómica). Respuesta virológica que se alcanza si el paciente finaliza la terapia antiviral dual con indetectabilidad viral.

Respuesta Virológica de la Primera Semana (dicotómica). Respuesta virológica que se alcanza si el paciente presenta la reducción virémica al 3° o bien al 7° día de terapia dual exigida en el Nivel de Exigencia Fibrovirológico (NEF) al que haya sido asignado, según su grado de fibrosis hepática y carga viral basal (CVB).

- Metabolismo Lipídico Favorable (dicotómica). Definido como una cinética lipídica durante el 1° mes favorable, al haber conseguido mantener el paciente durante este periodo una concentración plasmática media de lipoproteínas de colesterol de baja densidad (LDL-c) al menos igual o superior a la que se exigía para el Nivel de Exigencia Lipídico (NEL) al que ese paciente había sido asignado, dependiendo del grado de fibrosis hepática, carga viral basal (CVB) y el valor del ratio de infectividad alcanzado durante el 1° mes de terapia antiviral.

Las variables independientes.

- Edad (años).
- Sexo.
- Grado de fibrosis hepática (dicotómica). Los análisis se realizaron entre fibrosis hepática no significativa (F0-F2) o fibrosis significativa (F3- F4). También se podrían realizar entre cirróticos (F4) o no cirróticos (F0-F3). Se realiza mediante la realización de una biopsia hepática mediante control ecográfico, y establecer el grado de inflamación histológica, grado de fibrosis y el grado de esteatosis.

- Esteatosis hepática (cualitativa ordinal). El grado de esteatosis hepática se define histológicamente por el tanto por ciento de hepatocitos que contienen partículas grasas en su interior (Sistema de puntuación histológica de Desmet: grado 0 (ausencia), leve (< 33 % hepatocitos), moderada (< 33-66 % hepatocitos) y severa (> 67 % hepatocitos afectos).
- La detección del anticuerpo frente al VHC (anti-VHC) en suero (cualitativa dicotómica). Se realiza mediante técnicas de enzimoinmunoanálisis (EIA) de 3ª generación basados en la captura de anticuerpos contra epítopos presentes en proteínas recombinantes (core, NS3, NS4 y NS5) fijadas a pocillos de microplacas o microesferas adaptadas a sistemas automáticos cerrados.
- Genotipo del VHC (cualitativa no dicotómica). Se realiza mediante métodos comerciales basados en hibridación inversa del producto amplificado con sondas genotipo-específicas de la misma región fijadas a un soporte de nitrocelulosa (INNO-LIPA HCV II; Immunogenetics, Ghent, Bélgica.
- Para la detección del RNA del VHC circulante (cuantitativa continua). Se emplean técnicas moleculares de amplificación cualitativas, que consisten en la síntesis de numerosas copias (amplicones) del genoma viral mediante

una reacción enzimática cíclica mediante la reacción en cadena de polimerasa (PCR). Como técnica cuantitativa los valores de RNA-VHC séricos se determinaron empleando una PCR a tiempo real (Test HCV Cobas Amplipred/Cobas Taqman), límite de detección 15 UI/ml; Roche Diagnostics, Basel, Suiza).

Se determinó la viremia basal (CVB), carga viral del 3° y 7° día (obtención del valor RV1), semanas 4, 12, 24 y 48 y a los 6 meses post-tratamiento (presencia o no de RVS). La prueba está basada en tres procesos principales: 1) preparación de la muestra para aislar el ARN del VHC, 2) transcripción reversa del ARN objetivo para generar ADN complementario (ADNc) y 3) amplificación mediante PCR del ADNc objetivo y detección simultánea de una sonda de detección oligonucleótida doblemente marcada y escindida, específica del objetivo.

Tiene un límite inferior de detección de 15 UI/ml, siendo su intervalo lineal comprendido entre 43 IU/ml y hasta $6,9 * 10^7$ (aprox. 8 millones de IU/ml), no siendo preciso diluir los sueros. Esta prueba está estandarizada frente al primer patrón internacional de la OMS para ARN del virus de la hepatitis C en pruebas de amplificación de ácidos nucleidos (código NIBSC 96/790) y los valores de concentración se comunican en unidades internacionales (UI/ml).

- Resistencia insulínica (cualitativa dicotómica y cuantitativa continua). Para establecer si un paciente tiene resistencia insulínica se emplea el llamado HOMA (Homeostasis Model for assesment). Para su determinación multiplicaremos la concentración de insulina en ayunas del paciente (mmol/L) y la concentración de glucosa en ayunas (mmol/L) y su resultado lo dividiremos por 22,5.

  Valores del HOMA < 2, se consideran normales, es decir, no presentan resistencia insulínica. La insulina se determinó mediante electroiluminiscencia (Módulo de análisis Elecsys E170; Roche, Basil, Suiza). Rango de insulina: 0.2-1000 μU/ml.

- Cortisol basal (cuantitativa continua). Se determinó mediante electroiluminiscencia (Módulo de análisis Elecsys E170; Roche, Basil, Suiza). Intervalo de medición del cortisol estaba comprendido entre 0,5-1750 nmol/L ó 0,018-63,4 μg/dL (definido por el límite de detección y el máximo de la curva máster). Los valores inferiores al límite de detección se indican como < 0,5 nmol/L (< 0,018 μg/dL).

- El índice de masa corporal (cuantitativa continua). Resulta del cociente entre el peso en kilogramos y el cuadrado de la estatura expresada en metros.

- CXCL-10 o IP-10 o proteína 10 inducible por el interferón alfa (cuantitativa continua). Se determinó mediante el kit Quantikine (RD systems). Rango: 8-624 pg/ml.
- Genotipo de la Interleucina 28b (cualitativa dicotómica). Presentarán un genotipo IL-28B favorable (CC) y desfavorable (CT o TT). El polimorfismo genético de la Interleucina 28b (IL-28B): "single nucleotide polymorphism o SNP rs12979860" se determinó usando el kit de discriminación alélica ABI Taqman mediante sistema de detección de secuenciación ABI7900HT (Applied Biosciences Hispania, Alcobendas, Madrid, España), empleando una PCR basada en el uso de sondas fluorescentes.
- La concentración plasmática valle (through) de Ribavirina (C_{valle} RVB) se cuantificó en el día 30° de biterapia, empleando tubos Vaccutainer con EDTA a primera hora de la mañana, justo antes de la toma de la 1ª dosis de RBV del día. La separación del plasma de la sangre total se realizó por centrifugación a 2000 rpm durante 30 minutos, conservándose el plasma a -80° C hasta su análisis en el Hospital Carlos III (Madrid). La C_{valle} RVB se cuantificó utilizando un método de high-performance liquid chromatography (HPLC) con detector ultravioleta (HPLC_UV;

Merck-Hitachi LaChrom, Tokio, Japón), validado por la Agencia Europea de Medicamentos (CPMP/ ICH/281/95).

La Ribavirina fue extraída del plasma siguiendo un método de extracción en fase sólida o ultrafiltración. Se transfirieron 500 µL de muestra a una columna Microsep 3K Omega. Seguidamente, las columnas fueron centrifugadas a 7.500 X *g* durante 90 minutos para retener todas aquellas partículas de tamaño entre 10.000 y 20.000 kDa en la membrana de la columna y permitir el paso de aquéllas más pequeñas como la RBV. El filtrado obtenido se conservó entre 2-8°C hasta su inyección en la columna cromatográfica.

El rango de linealidad fue de 0.05 a 5 µg/ml con un coeficiente de regresión de r2=0,997. Las condiciones cromatográficas del método fueron: a) fase estacionaria: la separación cromatográfica se realizó utilizando una columna Purospher STAR RP-18 5 µm (150 mm de longitud X 4.6 mm de diámetro interno; Merck) protegida por una guarda columna Purospher STAR RP-18 5 µm (4 mm de longitud X 4 mm de diámetro interno; Merck). La temperatura del compartimento de la columna fue de 10°C; b) fase móvil en gradiente compuesta por acetonitrilo y tampón KH2PO4 50 mM ajustado con ácido ortofosfórico hasta un pH de 3.5 y finalmente filtrado a través de una membrana de 0.45 µm (Whatman, Maidstone, Reino Unido) antes de ser usado.

- El pH urinario (cuantitativo continuo) y urocultivos se realizaron en los días 0 y 30 de biterapia, empleando tiras reactivas (Merck, Germany). Los urocultivos se realizaron para descartar infección del tracto urinario.
- El aclaramiento de creatinina (AC) en mililitros/hora se calculó empleando la fórmula, que en varones era AC = (140- edad) x peso / 72 x creatinina plasmática (mg/dl) y en mujeres AC= (140-edad) x peso x 0.85 / 72 x aclaramiento de creatinina (mg/dl).
- Aclaramiento de Ribavirina (cuantitativa continua) = (0.122 x creatinina plasmática) + 0.0414 x (peso corporal).
- Dosis óptima diaria de Ribavirina o DODR en mg/dl (cuantitativa continua). Se calculaba mediante la fórmula (DODR = AR x 12 x 15 x 0.244 x 2).
- El grado de infradosificación de Ribavirina (cualitativa ordinal). Se determinaba restando el valor de DODR, que habíamos obtenido en cada paciente empleando la fórmula de Lindahl, a la dosis que en realidad el paciente habia recibido (mg/dl) de acuerdo sólo a su peso corporal.
- LDL-colesterol, colesterol total, HDL-colesterol, triglicéridos

Tras un ayuno de 14 horas se determinaron las concentraciones basales y medias durante el 1° mes de terapia de colesterol total, HDL-colesterol, triglicéridos, así como de VLDL, usando métodos enzimático-calorimétricos (Roche Diagnostics) y tubos Vaccutainer con EDTA. Las lipoproteínas de baja densidad se calcularon mediante la fórmula de Friedewald [colesterol total - (HDL-colesterol + triglicéridos / 5)], mg/dl.

Para la determinación de las concentraciones plasmáticas medias durante el 1° mes de terapia se realizaron la recogida de muestras en los días 0, 3°, 7°, 14° y 30°. Las extracciones en los días 7, 14 y 30 de tratamiento se realizaron 2 horas antes de que al paciente recibiera la 2ª, 3ª y 5° dosis de interferón pegilado, respectivamente.

- Ratio de infectividad elevado (dicotómica). Definido por el cociente entre las concentraciones plasmáticas medias de triglicéridos durante el 1° mes de terapia dual (determinadas a las 72 horas, 1ª semana, día 14 y día 30 de terapia) y las concentraciones de lipoproteínas de colesterol de alta densidad (HDL-c), determinadas en los mismo momentos que el triglicérido durante el 1° mes de terapia antiviral. Esta variable se emplearía como marcador indirecto de la infectividad viral a través de los receptores Scavenger.

Se estableció un valor mayor o igual a 3,2 para definir los pacientes que tendrían un ratio de infectividad elevado y un valor inferior a 3,2 para definir los pacientes que tendrían durante el 1° mes de terapia un ratio de infectividad bajo.

Es una variable que creamos para nuestro estudio y que no ha sido analizada en otros estudios previos, la cual fue diseñada con el objeto de discriminar aquellos pacientes que presentaban hipertriglicidemias significativas durante el 1° mes de terapia antiviral, como marcador indirecto de una actividad baja de la lipoprotein lipasa (LPL) y alto grado de infectividad viral a través de los receptores Scavenger.

5.6. NIVELES DE EXIGENCIA FIBRO-VIROLÓGICA

Partiendo del hecho que los pacientes con mayor CVB y mayor grado de fibrosis hepática (cirrosis hepática) son los pacientes más difíciles de curar a priori, consideramos que para que estos pacientes pudieran alcanzar la RVS, la máxima reducción virémica necesaria durante la 1ª semana, bien al 3° o 7° día de biterapia (valor de RV1) tendría que ser mayor que la que precisarían los pacientes con menor grado de fibrosis (Metavir F0-F3) y/o

CVB menor. Para establecer los posibles puntos de corte para la variable RV1 que tenía que presentar el paciente para alcanzar la RVS, dependiendo de su grado de fibrosis hepática y CVB se emplearía el área de curva COR resultante.

Los pacientes fueron asignados a un determinado "Nivel de Exigencia Fibro-virológica" (NEF), según el grado de fibrosis hepática y CVB con la que iniciara el tratamiento, de forma que aquellos que a priori, eran más difíciles de curar, (cirróticos y/o CVB muy alta: $> 3 \times 10^6$ UI/ml) serían asignados a los NEF elevados.

Éstos tendrían que alcanzar un valor de RV1 más elevado (RV1 > 1 $\log_{10}$), mientras que los que, a priori, tenían factores predictivos basales de respuesta más favorables (no cirróticos y/o CVB $< 3 \times 10^6$ UI/ml), serían asignados a NEF bajos, con necesidad de alcanzar un valor de RV1 menos exigente que los pertenecientes a niveles más elevados (RV1 < 1 $\log_{10}$).

Posteriormente, se analizaría la reducción virémica máxima media alcanzada en cada Nivel de Exigencia Fibro-virológica (NEF), con objeto de establecer los puntos de corte para la variable RV1 que necesitaría el paciente para alcanzar la RVS. Una vez asignados los pacientes a su correspondiente NEF, si la reducción virémica máxima alcanzada durante la 1ª semana de biterapia (valor RV1) era al menos igual o superior al establecido para dicho NEF, estableceríamos que dicho paciente habría alcanzado la llamada "Respuesta Virológica de la Primera Semana o RVPS".

Se diseñaron 5 niveles de exigencia fibro-virológica (NEF). A los NEF 5 y 4 fueron asignados los pacientes más difíciles, a priori, de curar (cirróticos o F4) y/o con CVB muy elevada (RNA-VHC > 6.000.000 UI/ml).

Para que estos pacientes alcanzaran la RVPS, era necesario que alcanzasen un valor de RV1 (máxima reducción virémica durante la 1ª semana de biterapia, bien al 3º o 7º día) al menos igual o superior al establecido para su Nivel de Exigencia fibro-virológica (NEF), como reflejo de una sensibilidad viral óptima al interferón pegilado administrado.

El valor para la variable RV1 que se estableció para que este subgrupo de pacientes alcanzaran la RVPS fue de al menos 2,5 $\log_{10}$ UI/ml para el NEF 5 y de 1,4 $\log_{10}$ o 1,2 $\log_{10}$ UI/ml respecto a la carga viral basal (CVB) para el NEF 4, dependiendo de si empleábamos dosis de inducción o no, respectivamente.

Estos puntos de corte fueron obtenidos de la curva COR que asociaba el valor de la variable RV1 con las tasas de RVS). Al NEF 3 fueron asignados los pacientes no cirróticos (F0-F3) con CVB entre 2,9* 10^6– 850000 UI/ml, mientras que si la CVB estaba comprendida entre 849000-100000 UI/ml, el paciente era asignado al NEF 2.

Para que el paciente perteneciente al NEL 3 pudiera alcanzar la RVPS era necesario que el valor de RV1 alcanzado durante la 1ª semana de biterapia fuera al menos de 1,2 $\log_{10}$ UI/ml respecto a la CVB, independientemente de que fuese empleada la dosis de inducción o no, mientras que para los pertenecientes al NEF 2, era suficiente para alcanzar la RVPS que el valor RV1 alcanzado fuese de al menos 0,8 $\log_{10}$ UI/ml.

Al NEF 1 fueron asignados aquellos sujetos no cirróticos (F0-F3) con CVB muy baja (RNA-VHC < 100000 UI/ml), independientemente del grado de fibrosis. Para que el paciente alcanzara la RVPS, el valor RV1 debería ser al menos 0,5 $\log_{10}$ UI/ml. Posteriormente el poder predictivo de la RVPS sería comparada con la RVR y el genotipo IL-28B, comparando sus respectivas tasas de sensibilidad, especificidad, VPP y VPN, así como área bajo la curva.

Para intentar discriminar mejor el grado de sensibilidad viral al interferón e tratar de mejorar la capacidad para predecir la RVS, se emplearía una 1ª dosis de inducción de 360 µcg de interferón pegilado alfa-2a, con objeto de comprobar si los pacientes más sensibles al fármaco, al producir una inhibición viral dosis-dependiente mayor, podía ser empleada como herramienta que pusiera mejor de manifiesto la sensibilidad viral.

5.7. NIVELES DE EXIGENCIA LIPÍDICA

Los niveles plasmáticos medios de LDL-colesterol durante el 1° mes de biterapia se emplearían como marcador indirecto de la actividad de la lipoprotein lipasa y como limitador de la infectividad viral a través de los receptores de LDL-colesterol.

Se parte de la hipótesis de que los pacientes para curarse necesitarían durante las primeras semanas de terapia mantener unos niveles plasmáticos medios de LDL-colesterol mayores como limitador de la infectividad viral, especialmente en los pacientes más difíciles de curar (mayor grado de fibrosis hepática y/o mayor carga viral basal o CVB). Así, establecimos una concentración plasmática media mínima de LDL-colesterol que era necesaria para que el paciente alcanzara o presentase durante el1° mes de biterapia antiviral un "*Metabolismo o cinética Lipídica Favorable, MLF*", en función del grado de fibrosis hepática y CVB.

Partiendo del hecho de que los pacientes cirróticos (METAVIR F4) y/o con CVB > 3 x 10^6 UI/ml, eran aquellos con menores posibilidades a priori de curarse, los pacientes que cumplían en nuestro estudio estas condiciones, fueron asignados a uno de los 2 "*Niveles de Exigencia Lipídica, NEL*" más elevados (NEL 4 y 5), en los que se exigía como condición para que el paciente alcanzara un MLF, que las concentraciones plasmáticas medias de LDL-colesterol obtenidas durante el 1° mes de biterapia fuesen de al menos de 105 y 110 mg/dl, respectivamente.

Por otro lado, aquellos pacientes con mayores posibilidades a priori de alcanzar la curación, (fibrosis F0-F3 y/o carga viral < 3000000 UI/ml), se distribuyeron en los restantes "Niveles de Exigencia Lipídica" (NEL 3,2 y 1), en los que se exigiría para que el paciente alcanzase un MLF unos niveles plasmáticos medios de al menos 80, 65 y 40 mg/dl, respectivamente.

5.8. ECOGRAFIA DE ABDOMEN

Todas las ecografías de abdomen en un periodo máximo de 1 mes con respecto a la fecha de inclusión del paciente en el estudio fueron realizadas por único radiólogo para evitar la variabilidad interobservador.

5.9. ANÁLISIS ESTADÍSTICO

Las variables continuas fueron expresadas como media y desviación estándar, usando el test de Kolmogorov-Smirnov para conocer si seguían o no una distribución normal. Las variables categóricas fueron expresadas en porcentajes. La comparación entre grupos (presencia de RVS) frente a no curados (ausencia de RVS) se realizó empleando la t de Student o la U de Mann-Whitney para variables continuas y la χ^2 (Chi-cuadrado) o Test exacto de Fisher para variables categóricas.

Para que las variables fuesen consideradas estadísticamente significativas, el valor de p debía ser menor de 0,05. Para analizar 2 variables continuas, se empleó el coeficiente de correlación de Spearman. Para el cálculo de la odds ratio y definir el intervalo de confianza (IC) al 95% se empleó un análisis de regresión logística univariante. Diagramas de cajas y de dispersión fueron los gráficos empleados. Posteriormente se realizó un análisis de regresión logística multivariante, para ver qué variables estaban relacionadas estadísticamente con la variable "respuesta virológica de la primera semana" con un nivel de significación < 0.05.

Para la selección del punto de corte óptimo de la variable RV1 para cada nivel de exigencia fibro-virológica (NEF), que definiría qué pacientes habrían alcanzado la RVPS y cuáles no, se priorizó un modelo predictivo que maximizara la detección de pacientes que no se iban a curar: curva ROC con una sensibilidad de al menos un 70%, intentando que la tasa de falsos positivos (1-especificidad) fuese inferior al 20%. La base de datos diseñada para el estudio fue analizada usando el paquete estadístico SPSS (SPSS 18.0 para Windows, SPSS, Chicago, IL).

Se calculó el tamaño muestral mínimo necesario para establecer 5 niveles de exigencia fibro-virológicos (NEF), los cuales estarían basados en 2 variables distintas: grado de fibrosis hepática (F4 versus F0-F3) y carga viral basal segmentada en 5 rangos (CVB $\geq 6 \times 10^6$ UI/ml; CVB entre $5{,}99 \times 10^6$ - 3×10^6; CVB entre $2{,}99 \times 10^6$ – 850000 UI/ml; CVB entre 849999-100000 UI/ml y CVB $<$ 100000 UI/ml), mediante el programa nQuery

Advisor versión 7.0.

El cálculo del tamaño muestral mínimo necesario para establecer 5 niveles de exigencia lipídica (NEL), los cuales estaban basado en 3 variables distintas: grado de fibrosis hepática (F4 versus F0-F3), carga viral basal (CVB $\geq$ 3 x 10^6; CVB entre 2,99 x 10^6-1 x 10^5 y CVB < 1 x 10^5) y ratio de infectividad alto o bajo (mayor o igual a 3,2 versus < 3,2), fue determinado usando el programa nQuery Advisor versión 7.0.

Para establecer los puntos de corte óptimo de la curva COR para la variable "concentraciones plasmáticas medias de LDL-colesterol durante el 1° mes de biterapia" para predecir la curación virológica en cada uno de los niveles de exigencia lipídica, se exigió un área bajo la curva (AUROC) para los niveles de exigencia lipídicos 4 y 5 de al menos 90% y en los niveles 1-3 de al menos 70%.

La sensibilidad de la curva ROC para predecir RVS en todos los niveles de exigencia lipídica debía de ser de al menos un 85% y la tasa de falsos positivos (1-especificidad) en los niveles de exigencia lipídica elevados (4-5) inferior al 10%.

Se emplearon 3 puntos de corte (2, 2.5 y 3.0 ng/ml) para la variable "concentraciones plasmáticas de Ribavirina". Posteriormente se realizó un análisis de regresión logística multivariante, para ver qué variables estaban relacionadas estadísticamente con cada uno de esos puntos de corte de la variable "concentraciones plasmáticas de Ribavirina al 1° mes de biterapia", con un nivel de significación menor de 0.05, así como el diseño de la curva ROC.

5.10. CONSIDERACIONES ÉTICAS

Los datos fueron tratados durante todo el estudio de forma totalmente confidencial, identificando los pacientes con las iniciales de su nombre y apellidos, tanto en el tratamiento interno dentro del área hospitalaria Juan Ramón Jiménez, como cuando fueron enviadas las muestras al Hospital Carlos III de Madrid para la determinación de las concentraciones plasmáticas de Ribavirina, siguiendo las directrices marcadas por la legislación española y europea, y respetando en todo momento la ley de protección de datos.

El protocolo fue evaluado de forma favorable por el Comité Ético del hospital Juan Ramón Jiménez de Huelva, como por el Comité Ético Regional, confirmándose de que se cumplían de forma estricta todos los requisitos éticos exigidos, de acuerdo a la legislación vigente. Se diseño un modelo estandarizado de consentimiento informado general para el estudio, así como genético para la determinación del genotipo de la Interleucina 28b, por escrito que fue explicado personalmente por el personal investigador y firmado por todos y cada uno de los pacientes que fueron incluidos en el estudio, o en su caso, por el representante legal autorizado a tal efecto.

Este estudio fue diseñado y desarrollado siguiendo en todo momento las directrices establecidas en la Declaración de Helsinki de 1975 y posteriormente revisada en 1983. Todas las actuaciones y procedimientos llevados a cabo en el presente estudio han seguido en todo momento las directrices marcadas en las guías tanto nacionales como internacionales de práctica clínica actualmente aprobadas por la Comunidad Científica, siguiendo los estándares exigidos en la experimentación humana, de acuerdo a los Comité Éticos.

5.11. SUBVENCIONES

El proyecto fue subvencionado por la Consejería de Salud, tal como recoge la resolución de 26 de Diciembre del 2008 de la Secretaría General de Calidad y Modernización (BOJA nº 12 de 20 de Enero del 2009) con el número de expediente PI-0200/2008.

5.12. CONFLICTO DE INTERESES

El autor declara no tener ningún conflicto de intereses. La Oficina de Transferencia de Tecnología del Sistema Sanitario Público de Andalucía (S.S.P.A.), en representación del Servicio Andaluz de Salud, ha tramitado una solicitud de patente como herramienta diagnostica de ayuda a la toma de decisiones terapéuticas para pacientes con hepatitis crónica C genotipo 1, que fue diseñada tras la finalización de este proyecto de investigación, registrándola en la Oficina Española de Patentes y Marcas de Madrid (España): solicitud nº P201330522 y referencia P-06315.

CAPÍTULO IX

ANEXOS

CAPÍTULOS IX: ANEXOS

9.1. CONSENTIMIENTO INFORMADO

PROYECTO DE INVESTIGACIÓN VHC PI-0200/2008. DEPARTAMENTO HEPATOLOGÍA.

CONSENTIMIENTO INFORMADO

Título del estudio:
Cinética del genotipo 1 del virus de la hepatitis C durante el tratamiento antiviral. Diseño de un modelo predictivo de respuesta virológica, empleando una dosis de inducción de interferón pegilado, el grado de resistencia insulínica y las concentraciones plasmáticas de ribavirina y proteína IP-10.

Código del estudio: Expediente PI-0200/2008

Centro de realización: Hospital Juan Ramón Jiménez de Huelva.

Yo, (nombre y apellidos con letras mayúsculas)..
....
....

He leído la Hoja de información que se me ha entregado.
He podido hacer preguntas sobre el estudio.
He recibido suficiente información sobre el estudio.
He hablado con: (Nombre del investigador)..
....

Comprendo que la participación es voluntaria.
Comprendo que puedo retirarme del estudio:
1° Cuando quiera.
2° Sin tener que dar explicaciones.
3° Sin que esto repercuta en mis cuidados médicos.

Presto libremente mi conformidad para participar en el estudio.

FIRMA DEL SUJETO:____________________ FECHA:______________

FIRMA DEL INVESTIGADOR PRINCIPAL
O MEDICO DEL EQUIPO INVESTIGADOR

______________________________________ FECHA: ______________

FIRMA DEL TESTIGO
(Si sujeto o representante legal no puede leer)

______________________________________ FECHA:______________

9.2. ÍNDICE DE TABLAS

9.3. ÍNDICE DE FIGURAS

Notas

Notas

CAPÍTULO X: BIBLIOGRAFÍA

1. Lavanchy D. Evolving epidemiology of hepatitis C virus. Clin Microbiol Infect 2011; 17 (2): 107-115.
2. Van der Meer AJ, Veldt BJ, Feld JJ, Dufour JF, Lammert F, Duarte-Rojo A, et al. Association between sustained virological response and all-cause mortality among patients with chronic hepatitis C and advanced hepatic fibrosis. JAMA 2012; 308 (24): 2584-2593.
3. Mihm S, Hartmann H, Ramadori G. A reevaluation of the association of hepatitis C virus replicative intermediates with peripheral blood cells including granulocytes by a tagged reverse transcription/polymerase chain reaction technique. J Hepatol 1996; 24 (4):491-497.
4. Di Bisceglie AM, Goodman ZD, Ishak KG, Hoofnagle JH, Melpolder JJ, Alter HJ, et al. Long-term clinical and histopathological follow-up of chronic posttransfusion hepatitis. Hepatology 1991; 14(6): 969-974.
5. Poynard T, Bedossa P, Opolon P. Natural history of liver fibrosis progression in patients with chronic hepatitis C. The OBSVIRC, METAVIR, CLINIVIR, and DOSVIRC groups. Lancet 1997; 349 (9055): 825-832.
6. Rodger AJ, Roberts S, Lanigan A, Bowden S, Brown T, Crofts N, et al. Assessment of long-term outcomes of community-acquired hepatitis C infection in a cohort with sera stored from 1971 to 1975. Hepatology 2000; 32 (3): 582-587.

7. Misiani R, Bellavita P, Fenili D, Borelli G, Marchesi D, Massazza M, et al. Hepatitis C virus infection in patients with essential mixed cryoglobulinemia. Ann Intern Med 1992; 117 (7): 573-577.

8. Cacoub P, Poynard T, Ghillani P, Charlotte F, Olivi M, Piette JC, et al. Extrahepatic manifestations of chronic hepatitis C. MULTIVIRC Group. Multidepartment Virus C. Arthritis Rheum 1999; 42 (10): 2204-2212.

9. Ferri C, Greco F, Longombardo G, Palla P, Marzo E, Moretti A. Hepatitis C virus antibodies in mixed cryoglobulinemia. Clin Exp Rheumatol 1991; 9 (1): 95-96.

10. Feinstone SM, Kapikian AZ, Purcell RH, Alter HJ, Holland PV. Transfusion-associated hepatitis not due to viral hepatitis type A or B. N Engl J Med 1975; 292(15):767-770.

11. Choo Q-L, Kuo G, Weiner AJ, Overby LR, Bradley DW, Houghton M. Isolation of a cDNA clone derived from a blood-borne non-A, non-B viral hepatitis genome. Science 1989; 244: 359-362.

12. Shimizu YK, Feinstone SM, Kohara M, Purcell RH, Yoshikura H. Hepatitis C virus: detection of intracellular virus particles by electron microscopy. Hepatology 1996; 23 (2): 205-209.

13. Thomssen R, Bonk S, Propfe C, Heermann KH, Köchel HG, Uy A. Association of hepatitis C virus in human sera with beta-lipoprotein. Med Microbiol Immunol (Berl) 1992;181(5):293-300.

14. Houghton M, Weiner A, Han J, Kuo G, Choo QL. Molecular biology of the hepatitis C viruses: implications for diagnosis, development and control of viral disease. Hepatology 1991; 14 (2): 381-388.

15. Enomoto N, Sakuma I, Asahina Y, Kurosaki M, Murakami T, Yamamoto C, et al. Mutations in the nonstructural protein 5A gene and response to interferon in patients with chronic hepatitis C virus 1b infection. N Engl J Med 1996; 334 (2): 77-81.

16. Pawlotsky JM, Germanidis G, Frainais PO, Bouvier M, Soulier A, Pellerin M,et al. Evolution of the hepatitis C virus second envelope protein hypervariable region in chronically infected patients receiving alpha interferon therapy. J Virol 1999; 73 (8): 6490-6499.

17. Polyak SJ, Khabar KS, Rezeiq M, Gretch DR. Elevated levels of interleukin-8 in serum are associated with hepatitis C virus infection and resistance to interferon therapy. J Virol 2001; 75 (13): 6209-6211.

18. Polyak SJ, Khabar KS, Paschal DM, Ezelle HJ, Duverlie G, Barber GN, et al. Hepatitis C virus nonstructural 5A protein induces interleukin-8, leading to partial inhibition of the interferon-induced antiviral response. J Virol 2001; 75 (13): 6095-6106.

19. Witherell GW, Beineke P. Statistical analysis of combined substitutions in nonstructural 5A region of hepatitis C virus and interferon response. J Med Virol 2001; 63 (1): 8-16.

20. Hung CH, Lee CM, Lu SN, Lee JF, Wang JH, Tung HD, et al. Mutations in the NS5A and E2-PePHD region of hepatitis C virus type 1b and correlation with the response to combination therapy with interferon and ribavirin. J Viral Hepat 2003;10 (2): 87-94.

21. Gretch D. Mechanism of interferon resistance in hepatitis C. Lancet 2001; 358 (9294): 1662-1664.

22. Foy E, Li K, Wang C, Sumpter R Jr, Ikeda M, Lemon SM, et al. Regulation of interferon regulatory factor-3 by the hepatitis C virus serine protease. Science 2003; 300 (5622): 1145-1148.

23. Di Bisceglie AM. Hepatitis C. Lancet 1998;351 (9099): 351-355.

24. Simmonds P, Holmes EC, Cha TA, Chan SW, McOmish F, Irvine B, et al. Classification of hepatitis C virus into six major genotypes and a series of subtypes by phylogenetic analysis of the NS-5 region. J Gen Virol 1993; 74 (Pt 11): 2391-2399.

25. Germer JJ, Heimgartner PJ, Ilstrup DM, Harmsen WS, Jenkins GD, Patel R, et al. Comparative evaluation of the VERSANT HCV RNA 3.0, QUANTIPLEX HCV RNA 2.0, and COBAS AMPLICOR HCV MONITOR version 2.0 Assays for quantification of hepatitis C virus RNA in serum. J Clin Microbiol 2002; 40 (2): 495-500.

26. Mulligan EK, Germer JJ, Arens MQ, D'Amore KL, Di Bisceglie A, Ledeboer NA, et al. Detection and quantification of hepatitis C virus (HCV) by MultiCode-RTx real-time PCR targeting the HCV 3' untranslated region. J Clin Microbiol 2009; 47 (8): 2635-2638.

27. Le Guillou-Guillemette H, Lunel-Fabiani F. Detection and quantification of serum or plasma HCV RNA: mini review of commercially available assays. Methods Mol Biol 2009; 510:3-14.

28. Mangia A, Antonucci F, Brunetto M, Capobianchi M, Fagiuoli S, Guido M, et al. The use of molecular assays in the management of viral hepatitis. Dig Liver Dis. 2008; 40 (6): 395-404.

29. Vermehren J, Kau A, Gärtner BC, Göbel R, Zeuzem S, Sarrazin C. Differences between two real-time PCR-based hepatitis C virus (HCV) assays (RealTime HCV and Cobas AmpliPrep/Cobas TaqMan) and one signal amplification assay (Versant HCV RNA 3.0) for RNA detection and quantification. J Clin Microbiol. 2008 Dec;46(12):3880-91.

30. Berg T, Sarrazin C, Herrmann E, Hinrichsen H, Gerlach T, Zachoval R, et al. Prediction of treatment outcome in patients with chronic hepatitis C: significance of baseline parameters and viral dynamics during therapy. Hepatology. 2003 Mar;37(3):600-9.

31. Zheng X[1], Pang M, Chan A, Roberto A, Warner D, Yen-Lieberman B. Direct comparison of hepatitis C virus genotypes tested by INNO-LiPA HCV II and TRUGENE HCV genotyping methods. J Clin Virol. 2003 Oct;28(2):214-6.

32. Ross RS, Viazov S, Kpakiwa SS, Roggendorf M. Transcription-mediated amplification linked to line probe assay as a routine tool for HCV typing in clinical laboratories. J Clin Lab Anal 2007; 21 (5): 340-347.

33. Verbeeck J, Stanley MJ, Shieh J, Celis L, Huyck E, Wollants E, et al. Evaluation of Versant hepatitis C virus genotype assay (LiPA) 2.0. J Clin Microbiol 2008; 46 (6): 1901-1906.

34. Saludes V, González V, Planas R, Matas L, Ausina V, Martró E. Tools for the diagnosis of hepatitis C virus infection and hepatic fibrosis staging. World J Gastroenterol. 2014 Apr 7;20(13):3431-3442.

35. Marcellin P[1], Asselah T. Viral hepatitis: impressive advances but still a long way to eradication of the disease. Liver Int. 2014 Feb;34 Suppl 1:1-3.

36. Reichard O, Norkrans G, Fryden A, Braconier JH, Sönnerborg A, Weiland O. Randomised, double-blind, placebo-controlled trial of interferon alpha-2b with and without ribavirin for chronic hepatitis C. The Swedish Study Group. Lancet 1998; 351 (9096): 83-87.

37. Poynard T, Marcellin P, Lee SS, Niederau C, Minuk GS, Ideo G, et al. Randomised trial of interferon alpha2b plus ribavirin for 48 weeks or for 24 weeks versus interferon alpha2b plus placebo for 48 weeks for treatment of chronic infection with hepatitis C virus. International Hepatitis Interventional Therapy Group (IHIT). Lancet 1998; 352(9138): 1426-1432.

38. McHutchison JG, Gordon SC, Schiff ER, Shiffman ML, Lee WM, Rustgi VK, et al. Interferon alfa-2b alone or in combination with ribavirin as initial treatment for chronic hepatitis C. Hepatitis Interventional Therapy Group. N Engl J Med 1998; 339 (21): 1485-1492.

39. Dill MT, Makowska Z, Trincucci G, Gruber AJ, Vogt JE, Filipowicz M, et al. Pegylated IFN-α regulates hepatic gene expression through transient Jak/STAT activation. J Clin Invest 2014;124(4):1568-81.

40. Wedemeyer H, Wiegand J, Cornberg, Manns MP. Polyethylene glycol-interferon: Current status in hepatitis C virus therapy. J Gastroenterol Hepatol 2002;17 (Suppl 3): S344-S350.

41. Linsay KL, Trepo C, Heintges T, Shiffman ML, Gordon SC, Hoefs JC, et al. A randomized, double-blind trial compared pegylated interferon alfa-2b to interferon alfa-2b as initial treatment for chronic hepatitis C. Hepatology 2001; 34: 395-403.

42. Zeuzem S, Feinman SV, Rasenack J, Heathcote EJ, Lai MY, Gane E, et al. Peginterferon alfa-2a in patients with chronic hepatitis C. N Engl J Med 2000; 343: 1666-1672.

43. Zeuzem S, Schmidt JM, Lee JH, von Wagner M, Teuber G, Roth WK. Hepatitis C virus dynamics in vivo: effect of ribavirin and interferon alfa on viral turnover. Hepatology 1998; 28 (1): 245-252.

44. McHutchison JG, Gordon SC, Schiff ER, Shiffman ML, Lee WM, Rustgi VK, et al. Interferon alfa-2b alone or in combination with ribavirin as initial treatment for chronic hepatitis C. N Engl J Med 1998; 339: 1485-1492.

45. Poynard T, Marcellin P, Lee S, Niederau C, Minuk GS, Ideo G, et al. Randomised trial of interferon alpha 2b plus ribavirin for 48 weeks or for 24 weeks versus interferon alpha 2b plus placebo for 48 weeks for treatment of chronic infection with hepatitis C virus. Lancet 1998; 352: 1426-1432.

46. Poynard T, McHutchison J, Goodman Z, Ling MH, Albrecht J. Is an "a la carte" combination interferon alfa-2b plus ribavirin regimen possible for the first line treatment in patients with chronic hepatitis C? The ALGOVIRC Project Group. Hepatology 2000; 31: 211-218.

47. Hadziyannis SJ, Sette HJr, Morgan TR, Balan V, Diago M, Marcellin P, et al. Peginterferon- -2a and ribavirin combination therapy in chronic hepatitis C. A randomised study of treatment duration and ribavirin dose. Ann Inter Med 2004; 140: 346-355.

48. Davis GL, Wong JB, Mc Hutchison JG, Manns MP, Harvey J, Albrecht J. Early virologic response to treatment with peginterferon alpha-2b plus ribavirin in patients with chronic hepatitis C. Hepatology 2003; 38: 645-652.

49. Manns MP, McHutchison JG, Gordon SC, Rustgi VK, Shiffman M, Reindollar R, et al. Peginterferon alfa-2b plus ribavirin compared with interferon alfa-2b plus ribavirin for initial treatment of chronic hepatitis C: a randomised trial. Lancet 2001; 358 (9286): 958-965.

50. Fried MW, Shiffman ML, Reddy KR, Smith C, Marinos G, Gonçales FL Jr., et al. Peginterferon alfa-2a plus ribavirin for chronic hepatitis C virus infection. N Engl J Med 2002; 347 (13): 975-982.

51. Jacobson IM, Brown RS, Freilich B, Poterucha JJ, Heimbach JK, Goldstein D, et al. Weight-based ribavirin doping increases sustained virological response in patients with chronic hepatitis C: final results of the WIN-R study, a US community-based trial. Hepatology 2005; 42 Suppl 1: 749A.

52. Zeuzem S, Buti M, Ferenci P, Sperl J, Horsmans Y, Cianciara J, et al. Efficacy of 24

weeks treatment with Peginterferon alfa-2b plus Ribavirin in patients with chronic hepatitis C with genotype 1 and low pretreatment viremia. J Hepatol 2006; 44: 97-103.

53. Jensen DM, Morgan TR, Marcellin P, Pockros PJ, Reddy KR, Hadziyannis SJ, et al. Early indentification of HCV genotype 1 patients responding to 24 weeks peginterferon α-2a (40 Kd) ribavirin therapy. Hepatology 2006; 43: 954-960.

54. Ferenci P, Bergholz U, Laferl H, Gurguta C; Maieron A; Gschwantler M, et al. 24-week treatment regimen with peginterferon alfa-2ª (40 Kd) plus ribavirin in HCV genotype 1 or 4 "superresponders". EASL 2006; abstract 8.

55. McHutchison JG, Lawitz EJ, Shiffman ML, Muir AJ, Galler GW, McCone J, et al. Peginterferon alfa-2b or alfa-2a with ribavirin for treatment of hepatitis C infection. N Engl J Med 2009; 361: 580-593.

56. Marcellin P, Cheinquer H, Curescu M, Dusheiko GM, Ferenci P, Horban A, et al. High sustained virological response rates in rapid virologic response patients in the large real-world PROPHESYS cohort confirm results from randomized clinical trials. Hepatology 2012; 56: 2039-2050.

57. Bourliere M, Ouzan D, Rosenheim M, Doffoël M, Marcellin P, Pawlotsky JM, et al. Pegylated inteferon-alpha 2a plus ribavirin for chronic hepatitis C in a real-life setting: the Hepatys French cohort (2003-2007). Antivir Ther 2012; 17: 101-110.

58. Deuffic-Burban S, Deltenre P, Buti M, Stroffolini T, Parkes J, Mühlberger N, et al. Predicted effects of treatment for HCV infection vary among European countries. Gastroenterology 2012; 143: 974–985.

59. Poordad F, McCone J Jr, Bacon BR, Bruno S, Manns MP, Sulkowski MS, et al. Boceprevir for untreated chronic HCV genotype 1 infecion. N Engl J Med 2011; 364: 1195-1206.

60. Jacobson IM, McHutchison JG, Dusheiko G, Di Bisceglie AM, Reddy KR, Bzowej NH,et al. Telaprevir for previously untreated chronic hepatitis C virus infection. N Engl J Med 2011; 364: 2405-2416.

61. Bacon BR, Gordon SC, Lawitz E, Marcellin P, Vierling JM, Zeuzem S,et al. Boceprevir for previously treated chronic HCV genotype 1 infection. N Engl J Med 2011; 364: 1207–1217.

62. Zeuzem S, Andreone P, Pol S, Lawitz E, Diago M, Roberts S, Focaccia R, et al. Telaprevir for retreatment of HCV infection. N Engl J Med 2011; 364: 2417-2428.

63. Gale M Jr, Foy M. Evasion of intracellular host defence by hepatitis C virus. Nature 2005; 436: 939-945.

64. Berg T, von Wagner M, Hinrichsen H, S Mauss, H Wedemeyer, C Sarrazin, et al. Definition of a pretreatment viral load cut-off for an optimized prediction of treatment outcome in patients with genotype 1 infection receiving either 48 or 72 weeks of peginterferon-a2a plus ribavirin [abstract 350]. Hepatology 2006; 44 suppl 1: 321A.

65. Wiegand J, Buggisch P, Boecher W, Zeuzem S, Gelbmann CM, Berg T, et al. Early monotherapy with pegylated interferon alpha-2b for acute hepatitis C infection: the HEP-NET acute-HCV-II study. Hepatology 2006; 43: 250-256.

66. Salmerón J, De Rueda PM, Ruiz-Extremera A, Casado J, Huertas C, Bernal Mdel C, et al. Quasiespecies as predictive response factors for antiviral treatment in patients with chronic hepatitis C. Dig Dis Sci 2006; 51: 960-967.

67. Puig-Basagoiti F, Forns X, Fucic I, Ampurdanés S, Giménez-Barcons M, Franco S, et al. Dynamics of hepatitis C virus NS5A quasiespecies during interferon and ribavirin therapy in responder and non-responder patients with genotype 1b chronic hepatitis C. J Gen Virol 2005; 86: 1067-1075.

68. Akuta N, Suzuki F, Kawamura Y, Yatsuji H, Sezaki H, Suzuki Y, et al. Predictive factors fo early and sustained responses to peginterferon plus ribavirin combination therapy in Japanese patients infected with hepatitis C virus f genotype: amino acid substitutions in the core region and low-density lipoprotein colesterol levels. J Hepatol 2007; 46: 403-410.

69. Heathcote EJ, Shiffman ML, Cookley WG, Dusheiko GM, Lee SS, Balart L, et al. Peginterferon alfa-2a in patients with chronic hepatitis C and cirrhosis. N Engl J Med 2000; 343: 1673-1680.

70. Walsh MJ, Jonsson JR, Richardson MM, Lipka GM, Purdie DM, Clouston AD, et al. Non-response to antiviral therapy is associated with obesity and increased hepatic expression of suppressor of cytokine signaling 3 (SOCS-3) in patients with chronic hepatitis C, viral genotype 1. Gut 2006; 55: 529-535.

71. Dai CY, Yeh ML, Huang CF, Hou CH, Hsieh MY, Huang JF, et al. Chronic hepatitis C infection is associated with insulin resistance and lipid profiles. J Gastroenterol Hepatol. 2013 Jun 28.

72. Camma C, Bruno S, Di Marco V, Bruno R, Bronte F, Capursi V, et al. Insulin resistance is associated with steatosis in nondiabetic patients with genotype 1 chronic hepatitis C. Hepatology 2006; 43: 64-71.

73. Ge D, Fellay J, Thompson AJ, Simon JS, Shianna KV, Urban TJ, et al. Genetic variation in IL28B predicts hepatitis C treatment-induced viral clearance. Nature 2009; 461: 399-401.

74. McHutchison JG, Lawitz EJ, Shiffman ML, Muir AJ, Galler GW, McCone J, et al. Peginterferon alfa 2b or alfa 2a with ribavirin for treatment of chronic hepatitis C infection. N Engl J Med 2009; 361: 580-593.

75. Suppiah V, Moldovan M, Ahlenstiel G, Berg T, Weltman M, Abate ML, et al. IL28B is associated with response to chronic hepatitis C interferón-alpha and ribavirin therapy. Nat Genet 2009; 41: 1100-1104.

76. Tanaka Y, Nishida N, Sugiyama M, Kurosaki M, Matsuura K, Sakamoto N, et al. Genome-wide Association of IL28B with response to pegylated interferón alpha and ribavirin therapy for chronic hepatitis C. Nat Genet 2009; 41: 1105-1109.

77. Thomas DL, Thio CL, Martin MP, Qi Y, Ge D, O'Huigin C, et al. Genetic variation in IL28B and spontaneous clearance of hepatitis C virus. Nature 2009; 461: 798-801.

78. Zerenski M, Markatou M, Borwn QB, Dorante G, Cunningham-Rundles S, Talal AH. Interferon gamma-inducible protein 10: a predictive marker of successful treatment response in hepatitis C virus/HIV coinfected patients. J Acquir Immune Defic Syndr 2007; 45: 262-268.

79. Butera D, Marukian S, Iwamaye AE, Hembrador E, Chambers TJ, Di Bisceglie AM, et al. Plasma chemokine levels correlate with the outcome of antiviral therapy in patients with hepatitis C. Blood 2005; 106: 1175-1182.

80. Diago M, Castellano G, García Samaniego J, Pérez C, Fernández I, Romero M, et al. Association of pretreatment serum interferón gamma inducible protein 10 levels with sustained virological response to peginterferon plus ribavirin therapy in genotype 1 infected patients with chronic hepatitis C. Gut 2006; 55: 374-379.

81. Lagging M, Romero AI, Westin J, Norkrans G, Dhillon AP, Pawlotsky JM, et al. IP-10 predicts viral response and therapeutic outcome in difficult-to-treat patients genotype infection. Hepatology 2006; 44: 1617-1625.

82. Darling JM, Aerssens J, Fanning G, McHutchison JG, Goldstein DB, Thompson AJ, et al. Quantitation of pretreatment serum interferon-γ- inducible protein-10 improves the predictive value of an IL28B gene polymorphism for hepatitis c treatment response. Hepatology 2011; 53: 14-22.

83. Bruchfeld A, Lindahl K, Schvarcz R, Ståhle L. Dosage of Ribavirin in patients with hepatitis C should based on renal function: a population pharmacokinetic analysis. Ther Drug Monit 2002; 24: 701-708.

84. Maynard M, Pradat P, Gagnieu MC, Souvignet C, Trepo C. Prediction of sustained virological response by ribavirin plasma concentration at week 4 of therapy in hepatitis C virus genotype 1 patients. Antivir Ther 2008; 13: 607-611.

85. Ferenci P, Fried MW, Shiffman ML, Smith CI, Marinos G, Gonçales Jr FL, et al. Predicting sustained virological response in chronic hepatitis C patients treated with Peginterferon alfa-2a (40 KD)/ribavirin therapy. J Hepatol 2005; 43: 43: 42-33.

86. Jensen DM, Morgan TR, Marcellin P, Pockros PJ, Reddy KR, Hadziyannis SJ, et al. Early identification of HCV genotype 1 patients responding to 24 weeks peginterferon alpha-2a (40 Kd) / ribavirin therapy. Heaptology 2006; 43: 954-960.

87. Moreno C, deltenre P, Pawlotsky JM, Henrion J, Adler M, Mathurin P, et al. Shortened treatment duration in treatment-naïve genotype 1 HCV patients with rapid virological response: a meta-analysis. J Hepatol 2010; 52: 25-31.

88. Pearlman BL, Ehleben C. Hepatitis C Genotype 1 Virus With Low Viral Load and Rapid Virologic Response to Peginterferon/Ribavirin obviates a Protease Inhibitor. Hepatology 2014; 59: 71-77.

89. Hézode C, Fontaine H, Dorival C, Larrey D, Zoulim F, Canva V, et al. Triple therapy in treatment-experienced patients with HCV-cirrhosis in a multicentre cohort of the French

Early Access Programme (ANRS CO20-CUPIC) - NCT01514890. J Hepatol 2013; 59:434-441.

90. Marcellin P, Forns X, Goeser T, Nevens F, Carosi G, Drenth JP, et al. Telaprevir is effective given every 8 or 12 hours with ribavirin and peginterferon alfa-2a or -2b to patients with chronic hepatitis C. Gastroenterology. 2011; 140:459- 468.

91. Fried M, Buti M, Dore GJ, R. Flisiak; P. Ferenci; I. M. Jacobson, et al. TMC435 in combination with peginterferon and ribavirin in treatment-naive HCV genotype 1 patients: final analysis of the PILLAR phase IIb study. Program and abstracts of the 62nd Annual Meeting of the American Association for the Study of Liver Diseases; November 4-8, 2011; San Francisco, California. Abstract LB-5.

92. Zeuzem S, Berg T, Gane E, Ferenci P, Foster GR, Fried MW,et al. TMC435 with peginterferon and ribavirin in treatment-experienced HCV genotype 1 patients: the ASPIRE study, a randomised phase IIb trial. Program and abstracts of the 47th Annual Meeting of the European Association for the Study of the Liver; April 18-22, 2012; Barcelona, Spain. Abstract 2.

93. Jacobson I, Dore GJ, Foster GR, Marcellin P, Manns M, Nikitin I, et al. Simeprevir (TMC435) with peginterferon/ribavirin for chronic HCV genotype-1 infection in treatment-naive patients: results from QUEST-1, a phase III trial. Program and abstracts of the 48th Annual Meeting of the European Association for the Study of the Liver; April 24-28, 2013; Amsterdam, The Netherlands. Abstract 1425.

94. Manns M, Marcellin P, Poordad FP, Jacobson I, Dore GJ, Foster GR, et al. Simeprevir (TMC435) with peginterferon/ribavirin for treatment of chronic HCV genotype-1 infection in treatment-naive patients: results from QUEST-2, a phase III trial. Program and

abstracts of the 48th Annual Meeting of the European Association for the Study of the Liver, April 24-28, 2013; Amsterdam, The Netherlands. Abstract 1413.

95. Hassanein T, Lawitz E, Crespo I, Davis MN, DeMicco M, An D,et al. Once daily sofosbuvir (GS-7977) plus PEG/RBV: high early response rates are maintained during post-treatment follow-up in treatment-naive patients with HCV genotype 1, 4, and 6 infection in the ATOMIC study. Program and abstracts of the 63rd Annual Meeting of the American Association for the Study of Liver Diseases; November 9-13, 2012; Boston, Massachusetts. Abstract 230.

96. Lawitz E, Mangia A, Wyles D, Rodriguez-Torres M, Hassanein T, Gordon SC, et al. Sofosbuvir for previously untreated chronic hepatitis C infection. N Engl J Med. 2013; 368: 1878-1887.

97. Ferenci P, Asselah T, Foster GR, Zeuzem S, Sarrazin C, Moreno C, et al. Faldaprevir plus pegylated interferon alfa-2a and ribavirin in chronic HCV genotype-1 treatment-naive patients: final results from STARTVerso1, a randomised, double-blind, placebo-controlled phase III trial. Program and abstracts of the 48th Annual Meeting of the European Association for the Study of the Liver; April 24-28, 2013; Amsterdam, The Netherlands. Abstract 1416.

98. Lam NP, Neumann AU, Gretch DR, Wiley TE, Perelson AS, Layden TJ. Dose dependent acute clearance of hepatitis C genotype virus with inteferon alpha. Hepatology 1997; 26: 226-231.

99. Zeuzem S, Lee JH, Franke A, Rüster B, Prümmer O, Herrmann G,et al. Quatification of the initial decline of serum hepatitis C virus RNA and response to interferon alpha. Hepatology 1998; 27: 1149-1156.

100. Neumann AU, Lam NP, Dahari H, Gretch DR, Wiley TE, Layden TJ, et al. Hepatitis C viral dynamics *in vitro* and the antiviral efficacy of interferon-α therapy. Science 1998; 282: 103-107.

101. Bekkering FC, Stalgis C, McHutchison JG, Brouwer JT, Perelson AS. Estimation of early hepatitis C viral clearance in patients receiving daily interferon and ribavirin therapy using a mathematical model. Hepatology 2001; 33: 419-423.

102. Layden JE, Layden TJ, Reddy KR, Levy-Drummer RS, Poulakos J, Neumann AU. First phase viral kinetic parameters as predictors of treatment response and their influence in the second phase viral decline. J Viral Hepatitis 2002; 9: 340-345.

103. Zeuzem S, Hermann E, Lee JH, Fricke J, Neumann AU, Modi M, et al. Viral kinetics in patients with chronic hepatitis C treated with standard or peginterferon alpha-2a. Gastroenterology 2001; 120: 1438-1447.

104. Buti M, Sánchez-Ávila F, Lurie Y, Stalgis C, Valdés A, Martell M, et al. Viral kinetics in genotype 1 chronic hepatitis C patients during therapy with 2 different doses of peginterferon alpha-2b plus ribavirin. Hepatology 2002; 35: 930-936.

105. Neumann A, Buti M, Lurie Y, Valdes A, Esteban R. The second phase HCV decline slope is the best predictor of sustained virologic response during treatment of chronic HCV genotype 1 patients with peginterferon alpha-2b and ribavirin. 53th Annual Meeting American Association for the Study of liver diseases. Boston 2002.

106. Herrmann E, Lee JH, Marinos G, Modi M, Zeuzem S. Effect of ribavirin on hepatitis C viral kinetics in patients treated with pegylated interferon. Hepatology 2003; 37: 1351-1358.

107. Layden-Almer JE, Ribeiro RM, Perelson AS, Perelson AS, Layden TJ. Viral

dynamics and response differences in HCV-infected African American and white patients treated with IFN and ribavirin. Hepatology 2003; 37: 1343-50.

108. Iwasaki Y, Shiratori Y, Hige S, Nishiguchi S, Takagi H, Onji M, et al. A randomized trial of 24 versus 48 weeks of peginterferon α-2a in patients infected with chronic hepatitis C virus genotype 2 or low viral load genotype 1: a multicenter national study in Japan. Hepatol Int 2009; 3:468-479.

109. Ferenci P, Laferl H, Scherzer TM, Gschwantler M, Maieron A, Brunner H, et al. Peginterferon alfa-2a and ribavirin for 24 weeks in hepatitis C type 1 and 4 patients with rapid virological response. Gastroenterology 2008; 135: 451-458.

110. Thompson AJ, Muir AJ, Sulkowski MS, Ge D, Fellay J, Shianna KV, et al. Interleukin-28B polymorhism improves viral kinetics and is the strongest pretreatment predictor of sustained virologic response in genotype 1 hepatitis C virus. Gastroenterology 2010; 139:120-129.

111. Brady DE, Torres DM, An JW, Ward JA, Lawitz E, Harrison SA, et al. Induction pegylated interferon alfa-2b in combination with ribavirin in patients with genotypes 1 and 4 chronic hepatitis C: a prospective, randomized, multicenter, open-label study. Clin Gastroenterol Hepatol 2010; 8:66-71.

112. Reddy KR, Shiffman ML, Rodriguez-Torres M, Cheinquer H, Abdurakhmanov D, Bakulin I, et al. Induction pegylated interferon alfa-2a and high dose ribavirin do not increase SVR in heavy patients with HCV genotype 1 and high viral loads. Gastroenterology 2010; 139: 1972-1983.

113. Rubbo PA, Van de Perre P, Tuaillon E. The long way toward understanding host and viral determinants of therapeutic success in HCV infection. Hepatol Int 2012; 6:436–440.

114. Itakura J, Asahina Y, Tamaki N, Hirayama I, Yasui Y, Tanaka T, et al. Changes in hepatitis C viral load during first 14 days can predict the undetectable time point of serum viral load by pegylated interferon and ribavirin therapy. Hepatology research 2011; 41: 217-224.

115. Negro F. Abnormalities of lipid metabolism in hepatitis C virus infection. Gut. 2010; 59: 1279-1287.

116. Popescu CI, Dubuisson J. Role of lipid metabolism in hepatitis C virus assembly and entry. Biol Cell. 2009; 102: 63-74.

117. Albecka A, Belouzard S, Beeck AO, Descamps V, Goueslain L, Bertrand-Michel J, et al. Role of low-density lipoprotein receptor in the hepatitis C virus life cycle. Hepatology. 2012; 55: 998-1007.

118. Shimizu Y, Hishiki T, Sugiyama K, Ogawa K, Funami K, Kato A, et al. Lipoprotein lipase and hepatic triglyceride reduce the infectivity of hepatitis C virus (HCV) through their catalytic activities on HCV-associated lipoproteins. Virology. 2010; 407: 152-159.

119. Catanese MT, Ansuini H, Graziani R, Huby T, Moreau M, Ball JK et al. Role of Scavenger receptor class B type I in hepatitis C virus entry: kinectics and molecular determinants. J Virol. 2010; 84: 34-43.

120. Sun HY, Lin CC, Lee JC, Wang SW, Cheng PN, Wu IC, et al. Very low-density lipoprotein/lipo-viro particles reverse lipoprotein lipase-mediated inhibition of hepatitis C virus infection via apolipoprotein. Gut. 2013; 62: 1193-1203.

121. Feld JJ, Hoofnagle JH. Mechanism of action of interferon and ribavirin in treatment of hepatitis C. Nature 2005; 436: 967–972.

122. Dixit NM, Perelson AS. The metabolism, pharmacokinetics and mechanisms of antiviral activity of ribavirin against hepatitis C virus. Cell Mol Life Sci 2006; 63: 832–842.

123. Hiramatsu N, Oze T, Yakushijin T, Wang SW, Cheng PN, Wu IC, et al. Ribavirin dose reduction raises relapse rate dose-dependently in genotype 1 patients with hepatitis C responding to pegylated interferon alpha-2b plus ribavirin. J Viral Hepatitis 2009; 16: 586–594.

124. Lindahl K, Schvarcz R, Bruchfeld A, Ståhle L. Evidence that plasma concentration rather than dose per kilogram body weight predicts ribavirin-induced anaemia. J Viral Hepat 2004; 11: 84–87.

125. McHutchison JG, Everson GT, Gordon S, Jacobson IM, Sulkowski M, Kauffman R, et al. Results of an interim analysis of a phase 2 study of telaprevir (VX-950) with peginterferon α-2a and ribavirin in previously untreated subjects with hepatitis C. Program and abstracts of the 42nd Annual Meeting of the European Association for the Study of the Liver; April 11-15, 2007; Barcelona, Spain. Abstract 786.

126. Zeuzem S, Hezode C, Ferenci P, Ferenci P, Pol S, Goeser T, et al. PROVE2: phase II study of VX950 (telaprevir) in combination with peginterferon alfa2a with or without ribavirin in subjects with chronic hepatitis C, first interim analysis. Program and abstracts of the 58th Annual Meeting of the American Association for the Study of Liver Diseases; November 2-6, 2007; Boston, Massachusetts. Abstract 80.

127. Poordad F, Lawitz E, Reddy KR, Afdhal NH, Hézode C, Zeuzem S, et al. Effects of ribavirin dose reduction vs. erythropoietin for Boceprevir-related anemia in patients with chronic hepatitis C virus genotype 1 infection--a randomized trial. Gastroenterology 2013; 145: 1035–1044.

128. Lindahl K, Stahle L, Bruchfel A, Schvarcz R, et al. High-dose ribavirin in combination with standard dose peginterferon for treatment of patients with chronic hepatitis C. Hepatology 2005; 41: 275–279.

129. Jen JF, Glue P, Gupta S, Zambas D, Hajian G. Population pharmacokinetic and pharmacodynamic analysis of ribavirin in patients with chronic hepatitis C. Ther Drug Monit 2000; 22: 555–565.

130. Tsubota A, Hirose Y, Izumi N, Kumada H. Pharmacokinetics of ribavirin in combined interferon-alpha 2b and ribavirin therapy for chronic hepatitis C virus infection. Br J Clin Pharmacol 2003; 55: 360–367.

131. Arase Y, Ikeda A, Tsubota A, Suzuki F, Suzuki Y, Saitoh S, et al. Significance of serum ribavirin concentration in combination therapy of interferon and ribavirin for chronic hepatitis C. Intervirology 2005; 48: 138–144.

132. Bruchfeld A, Lindalh K, Schvarcz R, Ståhle L. Dosage of ribavirin in patients with hepatitis C should be based on renal function: a population pharmacokinetic analysis. Ther Drug Monit 2002; 24:701–708.

133. Morello J, Rodriguez-Novoa S, Cantillano AL, González-Pardo G, Jiménez I, Soriano V. Measurement of ribavirin plasma concentrations by high-performance liquid chromatography using a novel solid-phase extraction method in patients treated for chronic hepatitis C. Ther Drug Monit. 2007; 29: 802–806.

134. Morello J, Rodriguez-Novoa S, Jiménez Nácher I, Soriano V. Usefulness of monitoring ribavirin plasma concentrations to improve treatment response in patients with chronic hepatitis C. J Antimicrob Chemother 2008; 62:1174–1180.

135. El Khoury AC, Klimack WK, Wallace C, Razavi H. Economic burden of hepatitis C associated diseases in the United States. J Viral Hepatitis 2012; 19: 153-160.

136. van der Meer AJ, Veldt BJ, Feld JJ, Wedemeyer H, Dufour JF, Lammert F, et al. Association between sustained virological response and all-cause mortality among patients

with chronic hepatitis C and advanced hepatic fibrosis. JAMA. 2012; 308: 2584-93.

137. Ghany MG, Nelson DR, Strader DB, Thomas DL, Seeff LB. An update on treatment of genotype 1 chronic hepatitis C virus infection: 2011 practice guideline by the American Association for the Study of Liver diseases. Hepatology 2011; 54:1433-1444.

138. Craxi A, Pawlotsky JM, Weldemeyer H, Bjoro K, Flisiak R, Forns X, et al. EASL Clinical Practice Guidelines: management of hepatitis C virus infection. J Hepatol. 2011; 55: 245-264.

139. Moreno C, Deltenre P, Pawlotsky JM, Henrion J, Adler M, Mathurin P. Shortened treatment duration in treatment-naive genotype 1 HCV patients with rapid virological response: a meta-analysis. J Hepatol 2010; 52: 25-31.

140. Leroy V, Serfaty L, Bourlière M, Bronowicki JP, Delasalle P, Pariente A, et al. Protease inhibitor-based triple therapy in chronic hepatitis C: guidelines by the French Association for the Study of the Liver. Liver Intern 2012; 32: 1477-1492.

141. Pearlman BL, Ehleben C. Hepatitis C genotype 1 virus with low viral load and rapid virologic response to peginterferon/ribavirin obviates a protease inhibitor. Hepatology 2014; 59: 71-77.

142. O'Brien TR, Everhart JE, Morgan TR, Lok AS, Chung RT, Shao Y, et al. An IL28B genotype-based clinical prediction model for treatment of chronic hepatitis C. PLoS One 2011; 6: e20904.

143. Vidal-Castiñeira JR, López-Vázquez A, Alonso-Arias R, Moro-García MA, Martínez-Camblor P, et al. A predictive model of treatment outcome in patients with chronic HCV infection using IL28B and PD-1 genotyping. J Hepatol. 2012; 56 (6): 1230-1238.

144. Kurosaki M, Matsunaga K, Hirayama I, Tanaka T, Sato M, Yasui Y, et al. A

predictive model of response to peginterferon ribavirin in chronic hepatitis C using classification and regression tree analysis. Hepatol Res 2010; 40: 251-260.

145. Medrano J, Neukam K, Rallón N, Rivero A, Resino S, Naggie S, et al. Modeling the probability of sustained virological response to therapy with pegylated interferon plus ribavirin in patients coinfected with hepatitis C virus and HIV. Clin Infect Dis 2010; 51: 1209-1216.

146. Lagging M, Romero AI, Westin J, Norkrans G, Dhillon AP, Pawlotsky JM, et al. IP-10 predicts viral response and therapeutic outcome in difficult-to-treat patients with HCV genotype 1 infection. Hepatology 2006; 44: 1617-1625.

147. Lagging M, Askarieh G, Negro F, Bibert S, Söderholm J, Westin J, et al. Response prediction in chronic hepatitis C by assessment of IP-10 and IL-28B-related single nucleotide polymorphisms. PLoS One 2011; 6 (2): e17232.

148. Conteduca V, Sansonno D, Russi S, Pavone F, Dammacco F. Therapy of chronic hepatitis C virus infection in the era of direct-acting and host-targeting antiviral agents. J Infect 2014; 68 (1): 1-20.

149. Poordad F, McCone J, Bacon BR, Bruno S, Manns MP, Sulkowski MS, et al. Boceprevir for untreated chronic HCV genotype 1 infection. N Engl J Med 2011; 364 (13): 1195-1206.

150. Jacobson IM, McHutchison JG, Dusheiko G, Di Bisceglie AM, Reddy KR, Bzowej NH et al. Telaprevir for previously untreated chronic hepatitis C virus infection. N Engl J Med 2011; 364 (25):2405-2416.

151. Bacon BR, Gordon SC, Lawitz E, Marcellin P, Vierling JM, Zeuzem S et al. Boceprevir for previously treated chronic HCV genotype 1 infection. N Engl J Med 2011; 364 (13): 1207-1217.

152. Zeuzem S, Andreone P, Pol S, Diago M, Roberts S, Focaccia R, et al. Telaprevir for retreatment of HCV infection. N Engl J Med 2011; 364 (25): 2417-2428.

153. Jacobson I, Dore GR, Foster GR, Fried MW, Radu M, Rafalskiy VV, et al. 1425 Simeprevir (TMC435) with peginterferon/ribavirin for chronic HCV genotype-1 infection in treatment-naïve patients: results from QUEST-1, a phase III trial. J Hepatol 2013; 58 (Suppl.1): S574.

154. Lawitz E, Mangia A, Wyles D, Rodriguez-Torres M, Hassanein T, et al. Sofosbuvir for previously untreated chronic hepatitis C infection. N Engl J Med 2013; 368 (20): 1878-1887.

155. Durante-Mangoni E, Zampino R, Portella G, Adinolfi LE, Utili R, Ruggiero G. Correlates and prognostic value of the first-phase hepatitis C virus RNA kinetics during treatment. Clin Infect Dis. 2009; 49: 498-506.

156. Thompson AJ, Muir AJ, Sulkowski MS, Ge D, Fellay J, Shianna KV, et al. Interleukin-28B polymorphism improves viral kinetics and is the strongest pretreatment predictor of sustained virologic response in genotype 1 hepatitis C virus. Gastroenterology 2010; 139 (1): 120-129.

157. Pearlman BL, Ehleben C. Hepatitis C genotype 1 virus with low viral load and rapid virologic response to peginterferon/ribavirin obviates a protease inhibitor. Hepatology 2014; 59 (1):71-77.

158. Harrison SA, Rossaro L, Hu KQ, Patel K, Tillmann H, Dhaliwai S, et al. Serum cholesterol and statin use predict virological response to peginterferon and ribavirin therapy. Hepatology 2010; 52 (3): 864-874.

159. Hamamoto S, Uchida Y, Wada T, Moritani M, Sato S, Hamamoto M, et al. Changes in serum lipid concentrations in patients with chronic hepatitis C virus positive hepatitis

responsive or non-responsive to interferon therapy. J Gastroenterol Hepatol. 2005; 20:204-208.

160. Ramcharran D, Wahed A, Conjeevaram HS, Evans RW, Wang T, Belle SH, et al. Associations between serum lipids and hepatitis C antiviral treatment efficacy. Hepatology. 2010; 52:854-863.

161. Tada S, Saito H, Ebinuma H, Ojiro K, Yamaishi Y, Kumagai N, et al. Treatment of hepatitis C virus with peg-interferon and ribavirin combination therapy significantly affects lipid Metabolism. Hepatol Res. 2009; 39: 195-199.

162. Catanese MT, Ansuini H, Graziani R, Huby T, Moreau M, Ball JK,et al. Role of Scavenger receptor class B type I in hepatitis C virus entry: kinectics and molecular determinants. J Virol 2010; 84 (1): 34-43.

163. Clark PJ, Thompson AJ, Zhu M, Vock DM, Zhu Q, Ge D, et al. Interleukin 28Bpolymorphisms are the only common genetic variants associated with low-density lipoprotein colesterol (LDL-C) in genotype-1 chronic hepatitis C and determinate the association between LDL-C and treatment response. J Viral Hepat. 2012; 19: 332-340.

164. Lagging M, Askarieh G, Negro F, Bibert S, Söderholm J, Westin J, et al. Response prediction in chronic hepatitis C by assessment of IP-10 and IL-28B-related single nucleotide polymorphisms. PLoS One 2011; 6 (2): e17232.

165. Lagging M, Romero AI, Westin J, Norkrans G, Dhillon AP, Pawlotsky JM, et al. IP-10 predicts viral response and therapeutic outcome in difficult-to-treat patients with HCV genotype 1 infection. Hepatology 2006; 44 (6): 1617-25.

166. Medrano J, Neukam K, Rallón N, Rivero A, Resino S, Naggie S, et al. Modeling the probability of sustained virological response to therapy with pegylated interferon plus ribavirin in patients coinfected with hepatitis C virus and HIV. Clin Infect Dis. 2010; 51 (10): 1209-16.

167. Kurosaki M, Matsunaga K, Hirayama I, Tanaka T, Sato M, Yasui Y, et al. A predictive model of response to peginterferon ribavirin in chronic hepatitis C using classification and regression tree analysis. Hepatol Res. 2010; 40 (4): 251-60.

168. Vidal-Castiñeira JR, López-Vázquez A, Alonso-Arias R, Moro-García MA, Martinez-Camblor P, Melón S, et al. A predictive model of treatment outcome in patients with chronic HCV infection using IL28B and PD-1 genotyping. J Hepatol. 2012; 56 (6): 1230-8.

www.ingramcontent.com/pod-product-compliance
Lightning Source LLC
Chambersburg PA
CBHW060821170526
45158CB00001B/46
9781326109424